*과학 오디세이

정창훈 지음

휴머니스트

　한 과학잡지사에서 초년병으로 근무할 때였다. 하루 일과가 끝나 갈 무렵, 남루한 작업복 차림에 검정색 고무장화를 신은 젊은이가 들어 왔다. 과월호를 구입하려는 독자였다. 한 동안 뒤적이더니 결정을 하였는지 과월호 몇 권을 손에 쥐었다. 그러고는 주머니에서 무언가를 꺼내 내게 내밀었다. 구겨진 천 원짜리 지폐 몇 장이었다. 배추 몇 포기를 팔아 남은 돈인 것 같았다.

　그 때나 지금이나 과학책 보기를 즐겨하는 이런 젊은이 같은 열성 독자들은 존재한다. 과학자로서의 꿈을 펼칠 계획은 아니더라도, 자연 현상에 대한 호기심은 누구나 가지는 인류 본성의 한 부분 이기 때문이다. 그리고 나는 되도록 많은 사람들에게 과학책 읽기를 권한다. 나 자신이 과학책 읽기를 즐기는 사람이자 자연과학 전공자이기 때문만은 아니다.

　과학책은 왜 읽어야 하는 것일까? 물론 명확한(?) 이유는 있다. 과학은 인류의 존망을 가름할 만큼 엄청난 영향력을 지니게 되었기 때문이다. 핵무기는 일시에 수백만 명의 목숨을 앗아갈 수 있으며, 환경 오염은 지구의 모든 생명체를 서서히 공멸의 늪으로 몰아가고 있다. 또한 이미 제어할 수 없을 만큼 발전한 생명 공학은 인류의 존엄성에 도전하고 있다. 이제 과학은 소수가 독점해서는 안 될 절대 권력이 된 것이다. 그 절대 권력을 견제할 세력은 당연히 우리 모두가 되어야 한다. 그렇다면 우리가 과학을 몰라서야 되겠는가?

하지만 역사적 사명감이 모든 것을 해결하는 시대는 지났다. 한 표의 중요성을 아무리 강조해도 선거 때만 되면 놀러 가는 사람이 더 많은 것이 현실이다. 과학이 중요하다고 해서 과학책 읽기를 강요할 수는 없다는 말이다. 명확한 이유가 있음에도 해결책이 없다면 그 생각은 이미 어리석은 질문이다. 그래서 좀더 현실적인 생각을 해 보기로 하였다. 어떻게 하면 과학책을 많이 읽게 할 수 있을까?

그 동안 과학 출판물은 교과서의 충실한 추종자였으며, 최신 이론의 열렬한 맹신자였다. 물론 모든 분야의 학문이 그렇듯 과학도 제자리를 지키는 일이 중요하다. 하지만 과학은 스스로 깊이라는 심연에 빠져들어 있다. 퓨전이라는 새로운 문화가 뿌리를 내리는 이 다양성의 시대에 말이다. 그러니 다양한 취향을 지닌 이 시대 사람들로부터 외면 받는 것도 어쩌면 당연한 결과이다.

근원을 따져 보면 과학도 인류 문화의 한 계보에 속한다. 아주 오랜 옛날에는 과학자와 철학자와 예술가가 따로 있지 않았다. 오늘날 철학자라 분류되는 고대의 많은 이들은 철학자인 동시에 과학자이자 예술가였다. 이렇게 한 뿌리에서 시작된 문화의 여러 분야는 제각기 진화를 달리해 왔다. 그 결과 과학과 다른 학문들은 이제 인간과 침팬지처럼 상통할 수 없는 존재가 되었다. 하지만 세심히 살펴보면 전혀 융합할 수 없는 것처럼 보이는 별개의 문화도 상당한 문화적 코드를 공유하고 있음을 알 수 있다. 외견상 결별은 하였지만 뿌리는 같기 때문이다. 인간과 침팬지의 유전적 코드도 99퍼센트나 일치한다고 하지 않는가? 그렇다면 과학과 다른 문화의 교류라는 것이 전혀 불가능한 일만은 아닐 것이다. 그래서 나는 다소 황당하게 느껴질지도 모르는 '과학의 문화 나들이'를 생각하게 되었다.

이 책은 문화 나들이 중에서도 '신화 나들이'다. 좀더 품위 있는 표현을 쓰자면 '과학 오디세이'쯤 되지 않을까? 물론 억지를 부리는 것일지도 모른다는 걱정도 든다. 무엇이든 두 가지를 섞었을 때 좋아질 확률보다는 나빠질 확률이 더 큰 법이기 때문이다. 하지만 과학에 대한 거부감을 줄일 수 있는 방법의 하나라면 나름대로 시도해 볼 만한 가치는 있을 것이다. 그리고 그에 대한 평가는 독자들에게 맡긴다. 지금은 초로의 신사가 되었을 그 젊은이가 어느 서점에선가 이 책을 보게 되었으면 하는 바람이다.

2003년 5월

정창훈

차례

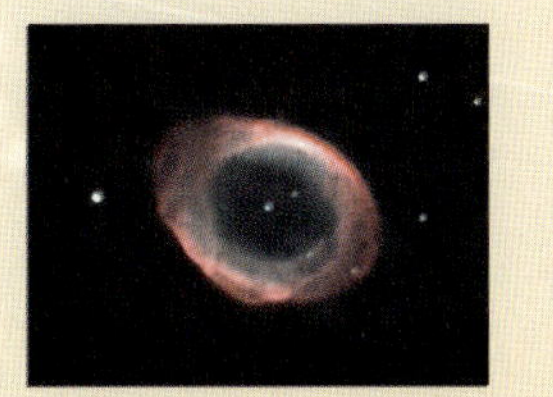

과학이 신화와 만나다

침 튀기기와 길찾기

젊은 시절, 내 꿈의 대부분은 나를 괴롭히는 꿈이었다. 악몽이었던 셈이다. 그 악몽은 몇 가지 부류로 나뉘는데 그 중 한 부류가 '집을 찾는 꿈'이다. 꿈 속에서 우리집이 이사를 갔다. 여느 때처럼 나는 그 집을 찾아 나선다. 이사간 동네까지는 그럭저럭 도착하였다. 하지만 동네를 아무리 뒤져봐도 부모님이 계시는 집은 결국 찾지 못한다. 꿈을 꾸는 내내 나는 두려움에 싸여 있었다.

나이가 든 요즘에는 거의 꾸지 않게 되었지만, 이 꿈을 꾼 지난 수십 년 동안 꿈 속에서 속 시원하게 집을 찾아낸 적은 한 번도 없었다.

몇 년 전 몽골에 다녀 온 친구로부터 들은 이야기이다. 한번은 혼자 말을 타고 초원을 달렸다고 한다. 대초원을 내달리며 세계를 정복한 몽골 민족의 기상을 느껴보고 싶었던 것일까? 그런데 한참을 달리다 보니 갑자기 두려움이 엄습하였다고 한다. 돌아가는 길을 잃어버린 것이다. 산 하나 보이지 않고 사방이 지평선인 초원이니 어찌 길을 찾겠는가? 그러나 친구는 길을 아는 똑똑한 말(?) 덕분에 무사히 숙소로 돌아올 수 있었다고 한다.

여러분이 이쪽저쪽을 구분할 수 없는 대초원에 혼자 남게 되었다고 가정해 보자. 물론 본능적으로 길을 아는 말도 없다. 여러 가지 불길한 생각이 떠오른다. 어떤 경우에 가장 두려움을 느끼게 될까?

첫째, 어디로 가야 할지 도저히 모르겠다.

둘째, 정확한 것은 아니지만 이쪽으로 가면 될 것 같다.

셋째, 집을 찾아가는 길을 잘 안다.

모험과 스릴을 즐기는 사람들은 첫째 경우에 짜릿함을 느낄는지도 모른다. 하지만 대부분의 사람들에게는 이것이 가장 큰 두려움이다. 이럴 경우 그저 발길 닿는 대로 걷는 수밖에 없다. 운이 좋으면 마을로 돌아올 수도 있겠지만 그 전에 쓰러져 다시는 일어나지 못할 수도 있다.

지난 여름, 아파트 둘레를 따라 산책 하던 중 말라죽은 지렁이 한 마리를 보았다. 소나기에 젖은 정원의 흙을 뚫고 올라온 지렁이는 제 세상을 만난 듯 여행을 시작했을 것이다. 사방이 물바다였을 테니까. 꾸물거리며 기어가다 도착한 곳은 시멘트로 덮인 보도. 비가 그치자 작열하는 햇볕에 보도가 마르기 시작했고, 죽지 않으려면 땅 속으로 들어가야 하는데, 어디로 가야 부드러운 흙을 만날 수 있을 것인가? 그 지렁이는 흙을 찾지 못하고 결국 말라 죽었던 것이다.

그 지렁이도 두려움을 느끼며 죽어 갔을까? 그렇지는 않다. 지렁이에게는 의식이 없기 때문이다. 하지만 사람은 다르다. 위기의 순간에 두려움과 공포를 느낀다. '알지 못함' 에 대한 두려움. 이를 극복하기 위해 사람들은 생각을 한다. 맞든 틀리든 말이다. 바로 둘째 경우이다.

친구들과 몰려 다니던 어린 시절, 어디로 향할지 모르는 두 갈래 길을 마주했을 때 길을 선택하는 좋은 방법이 있었다. 왼쪽 손바닥을 펴고 거기에 침을 뱉는다. 오른손의 검지와 중지를 뻗어 왼쪽 손바닥을 힘껏 내리친다. 우리는 그 때 침이 튀는 방향으로 몰려 갔다.

그 옛날, 초원에 홀로 남게 된 사람도 혹시 침을 튀겼는지 모른다. 물론 그 방법이 마을로 인도해 주지는 못했겠지만, 적어도 그 순간만큼은 마음의 위안을 얻었을 것이다. 두려움을 떨칠 수 있다는 것은 어느 정도 정신을 차릴 수 있다는 뜻이다. 호랑이에게 물려 가도 정신만 차리면 살 수 있다는 속담처럼, 정신을 차리면 반은 산 것이다. 그렇다면 그저 겁에 질려 있는 것보다는 침을 튀기는 쪽이 훨씬 낫지 않을까?

요즘은 길을 잃어도 침을 튀기는 사람은 없다. 방향을 찾는 방법, 즉 과학 기술이 발달하였기 때문이다. 이제 '침 튀기기'는 미신이 된 것이다. 하지만 다음 경우라면 어떠한가? 초원에 홀로 남겨진 사람이 마을로 돌아왔다. 그는 이런 방법으로 길을 찾은 것이다.

어디로 가야 할지 몰라 두려움에 떨고 있을 때, 바람의 신이 찾아 왔다. 바람의 신은 내 얼굴을 어루만지며 속삭였다. "내가 그대의 형제들이 살고 있는 마을로 안내하겠노라." 바람의 신은 내 앞에서 길을 재촉하였다. 초원의 풀들은 그가 지나는 쪽으로 고개를 숙였다. 나는 그를 따라 반나절을 걸어 마을에 도착하였다. 바람의 신은 마을 뒤쪽 언덕을 넘어 사라졌다.

이제 마을 사람들은 사냥을 나가 길을 잃어도 마을을 찾을 수 있게 되었다. 바람을 등지고 반나절만 걸으면 되는 것이다. 그들에게 바람은 단순한 공기의 흐름이 아니다. 마을 사람들을 위험으로부터 건져 주는 바람의 신이었다. 이 경험은 사람들의 입을 통해 전해지며 더욱 풍성한 이야기로 다듬어진다. 바로 신화와 전설의 탄생이다.

마지막으로 셋째 경우를 생각해 보자. 오랜 세월이 흐르면서 사람들은 수많은 경험과 지식을 쌓아 갔다. 해는 동쪽에서 떠서 서쪽으로 지며, 한낮에는 남쪽에 떠 있다. 마을로 안내한 바람은 여름 내내 북쪽으로 부는 계절풍이었다. 이제 더 이상 두려움을 느끼지 않아도 된다. 어느 곳에 있어도 방향을 알 수 있기 때문이다. 마을 뒤쪽의 언덕 너머에도 바람의 신은 살고 있지 않았다. 사람들은 더 이상 신을 필요로 하지 않게 되었다. 과학이 탄생하기 시작한 것이다.

홍어와 이진법

미지에 대한 두려움을 극복하려는 노력은 신화를 낳았고, 신화는 과학으로 발전하였다. 미국의 신화학자 비얼레인(J. F. Bierlein)의 말처럼 '신화는 일들이 어떻게 일어나는가를 설명하려는 최초의 서툰 시도, 즉 과학의 선조' 인 것이다. 그러므로 신화에는 자연 현상을 설명하려는 시도가 숨어 있다.

이 책은 신화라는 바다를 항해하는 '과학 오디세이' 이다. 하지만 거짓말처럼 황당한 신화에 과연 과학이 숨어 있을까? 있다면 어떻게 찾을 수 있을까? 두려워하지 말자. 벨기에의 인류학자 레비-스트로스(Claude Levi-Strauss)는 '홍어와 남풍' 에 관한 서부 캐나다의 신화를 통해 신화적 사고에 들어 있는 과학적 사고를 끄집어 낸다.

"사람과 동물이 구분되지 않고 살던 시대였다. 모든 존재는 바람 때문에 몹시 고통을 받았다. 특히 남풍은 사시사철 아무때나 불어와 사람들과 동물들이 해변에서 조개를 줍거나 낚시하는 것을 막았다. 그들은 남풍과 싸우기로 결정하고 원정을 떠났다. 이 싸움에서 홍어는 남풍을 사로잡는 데 큰 기여를 하였다. 남풍은 사시사철 아무때나 불지 않기로 약속을 한 후에야 풀려 났다. 그 후로 남풍은 한 해 가운데 특정한 기간 동안만 불거나 하루 걸러 한 번씩 불어 왔다. 따라서 그 나머지 기간 동안 사람들은 마음 놓고 활동할 수 있게 되었다."

남풍을 사로잡은 동물이 왜 하필이면 홍어일까? 그 의문에 답하기 위해 레비–스트로스는 홍어의 납작한 모양에 주목하였다. 이런 모양은 적의 공격을 효과적으로 피할 수 있다는 것이다. 예를 들어 화살 공격을 할 때, 홍어는 몸이 납작하기 때문에 화살로 쏘아 맞추기가 어렵다. 이처럼 싸움에 유리한 몸을 하고 있으니 홍어가 남풍 원정대에 참여한 것은 당연한 일이 아닐까? 더 중요한 점은, 홍어의 납작한 몸이 이항 대립적인 상상력을 불러일으킨다는 것이다. 홍어의 몸은 동전처럼 양면으로 이루어져 있다. 수학적인 표현으로 하면 홍어의 몸은 이진법의 구조를 하고 있는 셈이다. 사람들이 남풍에게 바라는 것이 무엇인가? 그것은 하루는 불고 하루는 불지 않는 것이다. '홍어와 남풍'은 모두 이항 대립적 현상이라는 측면에서 연관성을 가지고 있는 셈이다.

우리 나라에서 널리 읽혀지고 있는 『그리스 로마 신화』는 대부분 토마스 벌핀치의 『신화의 시대(The Age of Fable)』를 번역한 것이다. 벌핀치는 과학이 '자신의 아름다운 상상력을 찢어 발기고, 천재가 만들어 내는 우아한 꽃을 시들게 하며, 공상의 날개에서 반짝이는 이슬을 털어 내고, 시인의 마음을 쪼아 내는 독수리'라고 혹평하였다.

벌핀치의 말처럼 과학은 신화를 시들게 하는 독소에 지나지 않는 것일까? 레비–스트로스의 견해는 그와 다른 것 같다. '홍어와 남풍'의 예처럼, 신화의 본질을 이해할 수 있는 능력을 제공해 주는 것은 다름 아닌 과학적 사고이다. 과학은 이제 자신의 타당성뿐만 아니라 신화의 타당성도 설명해 주고 있는 것이다. 이것이 과학과 신화가 나름대로 연결의 고리를 가지고 있다는 증거가 아닐까?

신화라는 바다를 항해하는 '과학 오디세이'

이제 여러분은 과학이라는 배를 타고 그리스 로마 신화라는 거대한 바다를 항해하게 될 것이다.

먼저 1장과 2장에서는 강과 바다를 건너고 불을 뿜는 화산을 지나며, 자연의 두려움으로부터 벗어나려는 사람들을 만나게 된다. 예나 지금이나 자연은 우리 삶의 터전이다. 신화 시대의 사람들에게 자연은 순응해야 할 절대자였다. 강의 범람, 화산의 분화, 지진의 발생은 모두 그 절대자, 즉 자연이라는 신들이 벌이는 일이었다.

신들의 일을 어찌 사람이 거스를 수 있을까? 그래서 그들은 자연과 싸워 이긴 사람을 신격화하였다. 강의 신 아켈로오스와 싸워 이긴 헤라클레스는 바로 제방을 쌓아 강의 범람을 막은 신격화된 영웅인 것이다. 그렇다면 이 신화들은 결국 자연과 사람들의 이야기가 아닌가? 여러분이 신화적 사고를 이해하고 신화를 읽게 된다면, 신화가 자연의 변화무쌍함을 기술한 지질학 교과서임을 터득하게 될 것이다.

3장과 4장은 신화적 관점에서 본 생물학 교과서이다. 3장에서는 흰 피부가 검은 피부로 바뀔 수 있음을 말한다. 그들은 수세기에 걸쳐 일어난 에티오피아 사람들의 피부색 변화를 세심하게 관찰하였다. 그리고 그 이유까지 그럴 듯하게 기술하였다. 요즘 용어로 말하면 진화와 유전에 대해 다룬 셈이다. 4장은 현대 의학의 목표라고도 할 수 있는 불로불사의 욕망에 관한 이야기이다.

물론 이들 신화가 생물의 진화나 유전 및 생명 공학의 실체를 다루지는 못하고 있다. 오히려 황당하고 비약적이라는 신화의 특성을 드러내는 것처럼 보이기도 한다. 하지만 현상에 대한 정확한 관찰과 객관적 사실이라는 과학의 초기 단계적 특성은 여러 곳에서 찾을 수 있을 것이다. 신화도 나름대로의 논리적 근거를 가지고 있는 셈이다. 그렇다면 신화는 그냥 비논리적인 것이 아니라 비논리적 논리라는 또 다른 논리를 갖추고 있는 것은 아닐까?

5장과 6장과 7장에서는 아름답고 애절한 사랑의 노래와 괴물을 물리치는 흥미진진한 영웅담 그리고 한 발명가의 회한의 인생 역정을 듣게 될 것이다. 어떻게 보면 사람 냄새가 가장 짙은 이야기들이라고 할 수 있다. 또한 과학으로 재구성한다는 것이 억지처럼 보이는 부분이기도 하다. 하지만 과학적 상상력을 동원해 신화를 재구성하는 동안, 여러분은 신화적 상상력이 과학의 발전에 이바지할 수 있을지도 모른다는 생각에 다다를 것이다.

신화의 많은 이야기들 중에서 우리를 가장 흥분케 하는 것은 세상 모든 것의 탄생을 노래한 우주의 대서사시이다. 8장과 9장, 그리고 10장은 바로 신화 시대의 우주, 즉 하늘에 관한 이야기이다.

우리는 무엇이고 어디에서 와서 어디로 가는가? 과학은 이 의문에 대한 끝없는 도전이라고도 할 수 있다. 우리의 몸은 여러 가지 물질로 이루어져 있으며, 그 물질들은 우주의 별에서 유래하였다. 그리고 세상 모든 것은 카오스에서 시작하였다. 과학적 사고와 신화적 사고의 이 기묘한 일치에 우리는 전율을 느끼지 않을 수 없다.

"신화는 인간이 이 우주를 이해하고 있다는 환상을 심어 준다."는 레비-스트로스의 말처럼, 이 기묘한 일치는 그저 우연에 지나지 않는 것일까? 그렇다고 하더라도 한 가지 사실만은 명확하다. 우주의 근원을 알고자 하는 우리의 과학적 욕망은 이미 신화 시대로부터 시작되었다는 사실 말이다.

1장

강의 범람이 만든 풍요의 뿔

—헤라클레스와 언양 현감

"아켈로오스가 데이아네이라 공주를 사랑하고 구혼하였다는 이야기는 그 강이
데이아네이라 왕국을 구불거리며 흘렀음을 뜻한다. 구불거리는 줄기와 거친 물
소리 때문에 그 강은 뱀과 황소의 모습으로 이야기된 것이다."

—토마스 벌핀치 「신화의 시대」

〈아켈로오스와 싸우는 헤라클라스〉
귀도 레니(Guido Reni) 작품
(1620년~1621년)

생명이 바다에서 시작되었다면 인류의 문명은 강에서 시작되었다. 메소포타미아 문명의 티그리스 강과 유프라테스 강, 인도 문명의 인더스 강, 황하 문명의 황하와 그리고 이집트 문명의 나일 강이 모두 그것을 말해 준다. 비록 알려지지 않은 작은 강이라도 그 주변의 사람들에게는 더 없이 소중한 삶의 원천이다. 강은 사람에게 물고기와 곡식과 열매를 준다. 강은 풍요의 원천인 것이다.

▌아켈로오스의 쓰라린 패배 ▌

아켈로오스 강은 그리스에서 가장 긴 강이다. 가장 길다고 해도 길이가 221킬로미터이니, 우리 나라의 섬진강쯤 되겠다. 핀두스 산맥에서 시작하여 이오니아 해로 흘러드는 이 강은 그리스 로마 신화의 주인공이기도 하다. 오케아노스와 테티스의 장남이자 강의 신인 아켈로오스. 그는 천하장사 헤라클레스와 한판 승부를 벌이던 중 뿔 하나를 잃게 된다. 아켈로오스의 쓰라린 패배 이야기는 다음과 같이 시작된다.

강의 신 아켈로오스는 변신술에 뛰어났다. 어떤 때는 뱀이 되어 혀를 날름대는가 하면, 또 어떤 때는 성난 황소가 되어 사납게 뛰어다니기도 하였다. 미인으로 유명한 데이아네이라 공주가 남편을 구할 때였다. 수많은 경쟁자를 물리치고 아켈로오스는 헤라클레스와 담판을 짓게 되었다. 헤라클레스라면 누군가! 제우스의 아들이자 '열두 가지 노역'을 끝마친 천하장사 아닌가! 그렇다고 미인을 두고 물러날 수는 없는 일. 아켈로오스는 헤라클레스가 늘어놓는 영웅담을 되받아, 국왕에게 말하였다.

"당신의 나라를 가로지르는 강의 신인 나를 보시오. 나는 이방인이 아니며 당신 나라 안에서 살고 있소. 헤라 여신께서 나를 미워하거나 어려운 일로써 벌을 주지 않았다는 것이 내 단점은 아니지 않습니까? 제우스의 아들이라고 뽐내는 이 사람의 말은 거짓입니다. 그 말이 사실이라면 불명예스러운 일이겠지요. 자신의 어머니(헤라)의 부끄러움을 들추는 일일 테니까요."

헤라클레스의 친어머니는 알크메네이다. 하지만 계모인 헤라가 헤라클레스를 미워하여 열두 가지의 노역을 시켰는데, 이 일을 자랑한다는 것은 결국 헤라를 욕되게 하는 것이 아니냐며 헤라클레스를 비꼰 것이다. 격분한 헤라클레스는 힘으로 결판짓자 하였고, 썩 내키는 일은 아니었지만 아켈로오스의 입장에서도 명예를 지키려면 어쩔 수 없었다. 이렇게 해서 헤라클레스와 아켈로오스의 세기의 레슬링이 시작되었다.

싸움은 시작부터 격렬하였다. 쉬었다 싸우기를 몇 차례, 드디어 헤라클레스가 아켈로오스를 눕히고 목을 조였다. 힘으로는 도저히 안 된다는 것을 깨달은 아켈로오스는 뱀으로 변해 간신히 빠져 나왔다. 하지만 뱀이라면 헤라클레스가 아기 때 잡아 죽인 적이 있었다. 이제 아켈로오스에게 남은 방법은 황소로 변하는 것뿐이었다. 하지만 이것 역시 네메아 계곡의 사자를 맨손으로 때려잡은 헤라클레스에게는 소용없었다.

헤라클레스는 황소로 변한 아켈로오스의 목을 감아 쥐고 조르다 모래톱 위에 내던졌다. 그리고 뿔 하나를 무자비하게 뽑아 냈다. 싸움이 끝난 것이다.

뽑힌 뿔은 어떻게 되었을까? 님프 나이아데스는 그 뿔을 달콤한 과일과 향기로운 꽃으로 가득 채워 신성한 물건으로 만들었다. 그러고는 '풍요의 여신(Goddess of Abundance)'에게 바쳤는데, 그녀는 그것을 '코르누코피아(Cornucopia)'라고 불렀다.

아무리 읽어 봐도 황당한 이야기가 아닐 수 없다. 아켈로오스는 그리스에서 가장 긴 강이다. 그런데 강이면 강이지 어째서 신이 되고 뱀이 되었다가 또 황소가 되는가? 또 뿔이 뽑히면 그만이지 그것이 어째서 풍요의 뿔이 된단 말인가? 신화는 황당한 꿈 이야기란 말인가? 그렇다. 신화는 꿈이다. 하지만 꿈은 잘만 해석하면 그 속에서 어떤 뜻을 찾아낼 수 있다. 신화도 마찬가지이다. 더구나 옛 사람들은 신화 속에 등장하는 상징들을 통해 우리에게 과학적 사실을 전해 주고 있다. 강의 신과 뱀과 황소 그리고 풍요의 뿔이라는 상징이 어떻게 과학을 말해 주는지 알아보기로 하자.

평야를 기어가는 거대한 뱀

그리스 로마 신화에 따르면 강은 바다보다 늦게 태어났다. 하늘과 육지와 바다와 공기가 만들어진 후, 알 수 없는 어떤 신이 강과 만을 제자리에 앉히고 산을 일으켜 세웠으며, 계곡을 파고 숲과 샘과 비옥한 대지와 거친 들판을 늘어놓았다. 요즘으로 말하면 그 신이란 다름 아닌 자연이다.

지구와 다른 행성의 차이는 무엇일까? 지구에는 생명체가 번성하고 있다는 것이다. 그렇게 될 수 있는 이유는 무엇일까? 지구가 물의 행성이기 때문이다. 물은 햇빛과 함께 지구 생명의 모체이다.

또한 지표를 변화시키는 주역이기도 하다. 물은 수증기가 되어 하늘로 올라가기도 하고 비가 되어 다시 땅으로 떨어지기도 한다. 그리고 산과 들을 깎아 계곡과 강을 만들고, 흙을 날라 비옥한 대지를 만든다. 자연이라는 신 중의 으뜸은 바로 물인 것이다.

물은 높은 곳에서 낮은 곳으로 흐른다. 육지에서 높은 곳은 산이고 낮은 곳은 평야이다. 그리고 평야보다 낮은 곳이 바다이다. 그래서 보통 강은 산에서 시작되어 평야를 지나 바다로 흘러 나간다. 아켈로오스 강도 핀두스 산맥에서 시작하여 이오니아 해로 빠져 나가지 않는가? 산에서 시작하여 바다에서 끝나는 강의 긴 줄기는 크게 세 부분으로 나뉜다. 산에서 시작되는 가장 윗부분이 상류, 평야 지대의 중간 부분이 중류 그리고 바다와 만나는 아랫부분이 하류이다.

상류는 높은 지대에 있기 때문에 경사가 급하고 물살이 세다. 물이 가장 격하게 흐르는 것이다. 그리고 강 옆면도 경사가 급한, 깊은 계곡을 이룬다. 강물과 절벽이 이루는 절경은 대부분 상류에 있다. 태백산맥에서 시작한 남한강과 북한강은 한강의 상류에 해당한다. 중류로 내려올수록 강의 폭이 넓어지고 물살이 느려진다. 상류에서 휩쓸려 내려온 암석들이 자갈이나 모래가 되어 쌓이는 곳이 바로 중류이다.

중류에서 하류로 내려올수록 강의 폭은 더욱 넓어지고, 주변에는 넓은 평야가 펼쳐진다. 어느 쪽으로 흐르는지 모를 정도로 잔잔한 강의 흐름은 천 년을 두고 변함 없을 듯 보인다. 조선 시대의 학자 길재는 고려 왕조의 덧없음을 강의 유구함에 빗대어 다음과 같이 노래하였다.

오백년(五百年) 도읍지(都邑地)를 필마(匹馬)로 돌아드니
산천(山川)은 의구(依舊)하되 인걸(人傑)은 간 듸 업다.
어즈버 태평연월(太平烟月)이 꿈이런가 하노라.

산천, 즉 산과 강은 변함 없는데 고려 왕조의 영웅과 호걸들은
죽고 없어졌다는 뜻이다. 이렇듯 인간의 짧은 수명으로 보면 강의
모습은 변함이 없는 것처럼 보인다. 하지만 수백 수천 년이라는 신
화의 수명으로 보면 강은 끊임없이 그 모습을 바꾼다. 즉, 변신을
하는 것이다. 그 변신의 힘은 물의 '침식 작용'과 '운반 작용'이다.
'낙숫물이 댓돌 뚫는다.'는 속담처럼, 물은 부드럽지만 오랜 세월
작용하면 바위도 깎을 수 있다.

물론 강물은 단단한 곳보다는 약한 곳을 좋아한다. 그래서 평야
를 흐르다가 단단한 곳을 만나면 약한 곳으로 구부러진다. 강물이
구부러진 쪽의 사면(공격 사면)을 더 심하게 침식한다. 그리고 물
살이 약한 반대쪽 사면에는 퇴적물이 쌓인다. 공격 사면에 부딪친
강물은 급류를 이루며 바로 아래쪽의 반대쪽 사면을 강하게 때린
다. 다시 말해 조금씩 내려가면서 좌우로 공격 사면을 만들어 나가
는 것이다. 오랜 세월이 흐르면 강의 굴곡은 점점 심해져 뱀처럼
구불구불한 흐름을 이룬다. 이것이 바로 '사행천(meander)', 즉
뱀처럼 구불거리며 흘러가는 하천이다.

평야를 곧게 흐르던 강이 구불거리며 흐르게 되었으니, 이것이
바로 강의 신 아켈로오스가 뱀으로 변신한 것이 아니고 무엇이겠
는가!

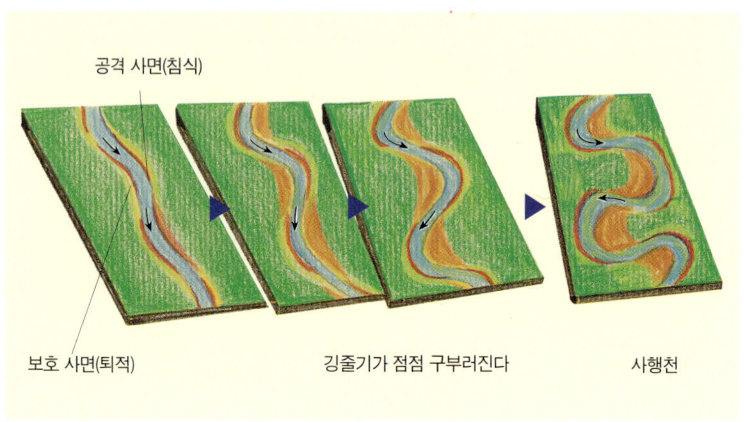

사행천의 형성

|강에서 떨어져 나간 뿔, 우각호|

사행천이 더욱 심하게 구부러지면 강줄기 곳곳에 '오메가(Ω)' 모양의 부분이 생긴다. 여기에서 강줄기가 거의 붙어 있는 부분을 목이라고 한다. 장마철이 되어 폭우가 내리면 상류로부터 엄청난 양의 물이 쏟아져 내려온다. 평소 잔잔하게 흐르던 강물도 이 때는 성난 듯이 으르렁거린다. 아켈로오스가 황소로 변신한 것이다! 불어난 강물은 성난 황소처럼 거침없이 돌진한다. 그러다 잘록한 목에 이르면 물길을 돌릴 여유도 없이 그대로 넘쳐 흐른다. 강의 범람이다. 주변은 말 그대로 물바다가 된다.

강의 범람은 해마다 일어난다. 그 때마다 강물은 황소로 변신하여 사행천의 목을 건너며 새로운 물길을 만든다. 이제 강물은 더 이상 먼 길을 돌아가지 않아도 된다. 짧고 새로운 길을 개척한 것이다. 범람이 끝나고 물이 줄어들면 사행천의 목은 잘려 나가고, 그 전까지 강물이 흐르던 부분은 호수가 된다. 그 모양을 보라! 바로 헤라클레스가 뽑아 낸 황소의 뿔이 아니고 무엇인가!

이렇게 만들어진 호수를 ‘우각호(oxbow lake)’라고 부르는데, 바로 ‘황소의 뿔처럼 생긴 호수’라는 뜻이다.

1985년 여름으로 기억된다. 한 잡지사에 근무하면서 경남 함안군의 대평늪과 질날늪 그리고 유전늪을 취재한 적이 있다. 이 늪지대는 낙동강의 지류인 남강이 굽이치는 곳에 품어져 있다. 마치 강줄기가 구부러지지 않았으면 이 늪지대를 지날 것 같았다. 그렇다. 지질학자들의 말에 의하면, 남강은 물줄기를 계속 바꾸어 왔는데, 이 늪들은 그 물줄기에서 떨어져 나와 만들어진 것이라고 한다. 이

우각호의 형성

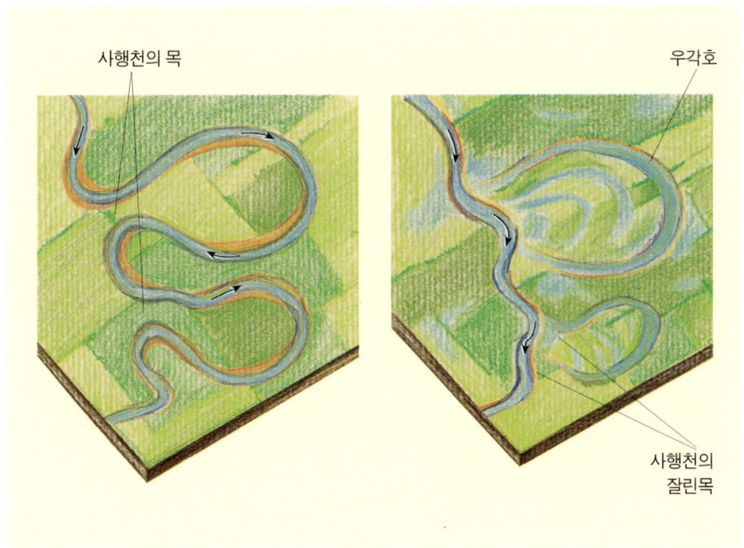

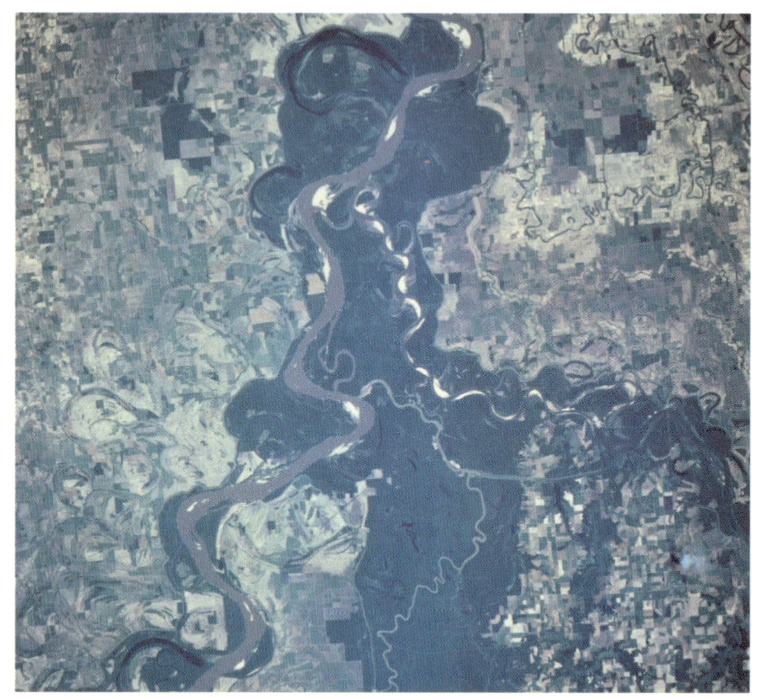

미국 미시시피 강의 사행천과 우각호

지역의 늪들은 모두 우각호인 셈이다. 늪지대는 흔히 생태계의 보물 창고라 불린다. 또한 강의 범람으로 비옥한 토양이 많이 쌓였기 때문에 그 주변으로는 농업이 발달해 있다.

그리스의 아켈로오스 강 하류도 사행천이 발달해 있으며, 비옥한 늪지성 평야를 이룬다. 그러니 곡식과 과일이 어찌 풍부하지 않겠는가? 사행천과 우각호 주변 지역의 풍요로움은 강이 흐르는 곳이면 세계 어디서나 마찬가지이다. 이것이 바로 헤라클레스가 뽑아 낸 황소의 뿔, 즉 '코르누코피아(풍요의 뿔)'이다!

풍요의 뿔 '코르누코피아'

그리스 로마 신화에서는 코르누코피아의 기원을 다르게 설명하기도 한다. 즉, 제우스의 어머니 레아는 크레타 왕 멜레세우스의 딸들에게 갓 태어난 제우스를 돌보도록 맡겼다. 멜레세우스의 딸들은 어린 제우스를 염소(아말테이아)의 젖을 먹여 길렀다. 이에 제우스는 그 염소의 뿔 하나를 꺾어 멜레세우스의 딸들에게 주었다. 그리고 그 뿔에 신비의 힘을 부여하였다. 주인이 원하는 것은 무엇이든 가득 채워지는 풍요의 뿔이 된 것이다.

기원이야 어찌 되었든 코르누코피아는 신께 풍요의 축복을 기원하고 감사하는 뜻을 지니고 있다. 서양에서는 그래서 이 코르누코피아가 추수 감사절의 상징으로 여겨진다. 우리 나라의 경우 정월 초하룻날 아침, 방 귀퉁이나 부엌에 복조리를 매다는 풍습이 있는데, 특히 복조리 속에 돈과 엿을 넣어 두면 좋다고 한다. 그렇게 함으로써 그 해의 복을 비는 것이다. 우리 나라의 복조리는 바로 그리스 로마 신화의 풍요의 뿔인 셈이다.

〈평화의 축복에 대한 알레고리〉 페터 파울 루벤스(Peter Paul Rubens) 작품(1629~1630년). 반인반수(半人半獸)의 목신(牧神) 판이 코르누코피아를 행복한 눈으로 바라보고 있다.

사행천이나 우각호의 형성 그리고 강의 범람은 세계 어느 나라에서나 흔히 일어나는 일이다. 그렇다면 우리 나라에서도 헤라클레스와 아켈로오스의 이야기를 찾아볼 수 있지 않을까? 다음 글을 읽으면서 그 가능성을 찾아 보자. 〈인터넷 언양읍지(http://www.eonyang.com/introduction/society/6_7.htm)〉에 실린 글을 요약한 것이다.

"조선 숙종 41년(1715), 경상도 언양현에서 일어난 일이다. 구수리 물막고개에는 한 석굴이 구수늪(九藪淵)을 바라보고 있다. 이 석굴에는 큰 이무기 한 마리가 살고 있었는데, 용이 되지 못한 이 이무기는 마을 사람들에게 큰 골칫덩이였디. 지기 굴 앞을 지나가는 가축이나 짐승은 물론 사람까지 해쳤던 것이다. 사람들은 겁에 질려 이무기의 횡포에 전혀 손을 쓰지 못하였다. 이 변란은 마침내 관아에 알려지게 되었으며, 언양 현감 모일성(牟一成)이 이무기 퇴치에 나섰다.

포군(砲軍)을 거느리고 굴 앞에 도착한 현감은 군졸들에게 공격을 명했다. 하지만 겁을 먹은 군졸들은 감히 굴에 접근조차 하지 못했다. 군졸들의 비겁한 모습에 화가 치민 현감은 직접 총을 들고 굴 속으로 들어가 일격에 이무기를 죽였다. 먼 곳에서 지켜보고 있던 마을 사람들은 그제서야 환호성을 지르며 몰려들었다. 죽은 이무기를 밖으로 끌어 냈더니, 꼬리는 석굴에 있고 머리가 구수늪까지 드리워졌다. 사람들은 이처럼 크고 무서운 짐승을 잡은 모현감의 담력과 장대한 기골에 혀를 내둘렀다고 한다."

　이 전설을 소개한 이유는 '현감과 이무기의 싸움'이 '헤라클레스
와 아켈로오스의 싸움'과 유사성을 보이기 때문이다. 구수리(九秀
里)의 '수'는 '빼어날 수(秀)'이다. 하지만 그 전에는 '큰 늪 수
(藪)'로 표기되었다. 다시 말해 이 지역에 늪이 많았다는 이야기이
다. 그런데 이 늪들은 어떻게 만들어진 것일까? 이 지역에는 태화
강의 상류인 남천이 흐른다. 남천의 북쪽, 즉 오늘날의 언양읍에는
넓은 평야가 펼쳐져 있다. 이런 사실들은 이 지역의 늪들이 강줄기
에서 떨어져 나간 호수, 즉 우각호에서 발전하였음을 말해 주는 것
이다.

　우리 나라 전설에 자주 등장하는 용은 강이나 바다에 사는 신령
스런 동물이며, 비를 관장하는 신이기도 하다. 그에 비해 이무기는
용이 되지 못한 큰 구렁이이다. 이무기는 주로 늪에 사는데, 구수
늪을 바라보는 석굴에 사는 이무기도 구수늪의 주인인 셈이다. 늪
이 무엇인가? 강은 강이되 강에서 떨어져 나온 찌꺼기 아닌가? 그
러니 강의 주인, 즉 용이 되지 못한 이무기가 강에서 떨어져 나간
늪에서 살게 된 것은 당연한 일이다. 다시 말해 강은 용이고 늪은
이무기인 것이다. 그렇다면 구수늪의 전설은 무엇을 말해 주는 것
일까?

　늪은 강 주변에서도 낮은 지역이다. 폭우로 강물이 불면 가장 먼
저 범람하는 곳이 바로 늪쪽의 강둑이다. 늪에서도 물이 넘치면 이
제 논밭과 마을이 잠기고, 가축은 물론 사람까지 목숨을 잃게 된
다. 구수늪의 전설에서 가축이나 짐승은 물론 사람까지 해친 이무

기란 다름 아닌 강과 늪의 범람이었던 것이다.

물을 다스리는 일이 중요한 농업 국가이니만큼 해마다 일어나는 범람의 피해를 막기 위해 고을의 수령인 현감이 나선 것은 당연한 일이다. 모현감은 그 중에서도 아주 지혜로운 사람이었던 것 같다. 마을 사람들의 힘을 모아 든든한 둑을 쌓았기 때문이다. 혹시 '물막고개', 즉 '물을 막는 언덕'이란 그 때 쌓은 제방이 아닐까? 이제 여름이 되어 폭우가 쏟아져도 마을 사람들은 걱정 없이 살 수 있게 되었다. 그리고 현감의 업적은 사람들의 입을 거치면서 영웅담이 되었던 것이다.

이 지역에 실제로 제방을 쌓았다는 사실은 「언양읍지(1916년, 1919년)」에 기록된 다음 내용으로 확인할 수가 있다. (이 기록이 전설에 등장하는 지역과 인물을 정확히 설명하는 것인지는 명확하지 않다.)

"남천은 현에서 남쪽으로 1리 밖에 있는데, 그 수원(水源)의 하나는 석남산이고 다른 하나는 외항재이다. 이 두 물줄기는 궁근정에서 합류하여 고을을 지나가면서 울산 태화진(태화강)으로 들어간다. 수세가 읍성의 서남쪽을 직충(直衝)하므로, 숙종 경자년(1720)에 방축을 쌓아 큰 물을 피했다."

그리스에는 아켈로오스 강이 있고, 경상도 언양에는 남천이 있다. 두 곳 모두 풍요로운 곡창 지대이며, 강줄기가 떨어져 나와 만들어진 호수와 늪이 있다. 그리고 둑을 쌓아 거센 강의 범람을 막았다. '헤라클레스와 아켈로오스', '언양 현감과 이무기'의 이야기

는 모두 강물과 싸워 풍요로운 시대를 연 영웅들의 신화와 전설이
다. 그리고 이 신화와 전설은 자연의 무쌍한 변화, 또한 인간과 자
연이 어우러진 삶에 대한 생생한 기록인 것이다.

2장

불과 연기의 분출구 '화산'

─거인 괴물 티폰의 처절한 몸부림

"그들은 마침내 정복되고 에트나 산 밑에 묻혔는데, 아직도 몸부림치며 도주를 꾀하고 있다. 이 때 섬이 흔들리며 지진이 일어나는 것이다. 그들이 내쉬는 숨은 산을 뚫고 솟아오르기도 하는데, 이것이 화산의 분화이다."

─토마스 벌핀치 「신화의 시대」

〈지하 세계로 추락하는 티탄들에게
번개를 내던지는 제우스〉
프레스코화. 줄리오 로마노(Giulio Romano) 작품
(1532년~1534년)

땅에서 불기둥이 치솟으며 산이 만들어지고, 땅이 갈라져 건물과 사람을 삼킨
다. 바다에서는 수십 미터의 파도가 밀려와 마을을 덮친다. 세상에 이보다 더 두려
운 일이 있을까? 신화 시대의 사람들에게는 땅과 산과 바다는 물론 세상 모두가 신
이었다. 이 신들은 사람들에게 풍요로움을 주기도 하고 지옥의 재난을 내리기도
한다. 이웃 나라가 쳐들어 오면 칼과 창을 들고 나가 싸우면 되지만, 자연이 내리는
재앙은 무슨 수로 막을 것인가? 신이시여, 노여움을 푸소서!

거인들의 한판 승부 '티타노마키아'

신들의 신 제우스에게도 부모가 있었다. 제우스는 최고의 신 크
로노스와 레아의 여섯 번째 자식이다. 크로노스와 레아는 모두 티
탄들이었는데, 티탄이란 덩치가 엄청나게 큰 거인 신들을 말한다.
끔찍하게도 크로노스는 자식들을 모두 잡아먹는 괴물이었다. 하지
만 제우스만은 어머니의 기지로 살아 남았고 이후 크로노스에게
약을 먹여 형제들을 모두 토해 내게 하였다. 이제 어떻게 하겠는
가. 제우스는 형제들과 함께 전쟁을 일으켰다. 결국 제우스가 크로
노스와 티탄들을 몰아내고 최고의 신으로 등극하게 된다.

그리스 로마 신화는 이처럼 끔찍한 이야기들을 아무렇지도 않다
는 듯 이야기한다. 크로노스 또한 자신의 아버지 우라노스를 처치
하고 최고의 신이 되었었다.

이 이야기를 읽으면서 얼마 전 시청한 텔레비전의 자연 다큐멘
터리가 생각났다. 무대는 아프리카의 초원, 여러 마리의 암컷과 새
끼들을 거느린 수사자의 왕국이다. 나이가 들어 노쇠해진 수사자

〈아들을 잡아먹는 크로노스〉 프란시스코 데 고야(Francisco de Goya) 작품(1620년~1623년)

는 어느 날 젊고 힘이 센 다른 수사자의 도전을 받고 도망치는 신세가 되었다. 그런데 새로이 왕으로 등극한 젊은 수사자가 이전 수사자의 새끼들을 모두 물어 죽이는 것이 아닌가? 물론 사람의 입장에서는 안타깝게 보일 것이다. 하지만 자연은 약육강식의 법칙이 지배하는 세계이다. 힘이 센 자가 힘이 센 새끼를 낳아 자손을 번식시키려 하는 것은 엄연한 자연의 법칙인 것이다. 사람들이야 이제 자식을 낳는 일에 예전 만큼 신경을 쓰지 않지만 동물의 세계에서는 아직도 자손 번식이 가장 중요한 일이다. 그것도 힘센 수컷의 자손 말이다. 힘센 수컷 한 마리가 여러 마리의 암컷을 거느리는 원숭이 무리도 있다. 그렇다면 아주 오랜 옛날, 인간이 인간성과 동물성을 모두 지니고 살아 가던 시절에는 어떠했을까? 별반 다르지 않았을 것이다. 그러다가 인간이 점점 동물의 틀을 벗어나 생각을 하게 되고 말을 하게 되면서 이에 관한 이야기들이 만들어지기 시작하였을 것이고, 그 이야기들이 전해지면서 신화로 남았을 것이다.

그리스 로마 신화에서 가장 오래 된 이야기는 세상의 창조에 관한 것이다. 그 다음은 우라노스와 크로노스 그리고 제우스의 세대 교체이다. 그렇다면 크로노스를 새로이 왕으로 등극한 젊은 수사자에 대입해 보면 어떨까? 제우스를 또 동물적 틀을 벗어난 최초의 인간적 지배자로 생각해 보면 어떨까? 신화보다 더 엉뚱하게 느껴지는 비약적인 상상일지도 모른다. 하지만 아버지가 자식을 잡아먹고, 아들이 아버지를 죽인다는 끔찍한 이야기가 이렇게 하면 일정 정도 순화될 수 있지 않을까? 즉, 크로노스와 제우스의 이야기는 인간이 동물의 틀을 완전히 벗어나지 못했던 아주 오랜 옛날의 무의식에 관한 이야기가 된다.

　오스트리아의 신경과 의사 프로이트(Sigmund Freud ; 1856년~1939년)는 그의 저서 「토템과 터부(Totem and Taboo)」에서 사람이 어떻게 신을 상상하게 되었는지를 설명하였다. 프로이트는 다윈의 이론에 따라 인류가 진화의 초기에 무리를 지어 살았다고 생각하였다. 그 때 '최초의 아버지'가 무리를 지배하면서 모든 여자를 독차지하였다. 어느 날 아버지의 독재에 불만을 품은 젊은이들이 힘을 합쳐 아버지를 몰아낸다. 하지만 아버지를 쫓아낸 일은 시간이 흐르면서 죄책감과 보복에 대한 두려움으로 남았고, 더 나아가 아버지의 절대적인 힘에 대한 존경심이 신격화되어 '신의 원형(prototype of God)'이 만들어졌다는 것이다.

　프로이트가 걱정했던 일이 제우스에게도 일어났다. 크로노스의 종족, 즉 티탄들이 제우스에게 보복을 하기 위해 전쟁을 일으킨 것이다. 이 전쟁을 '티타노마키아(Titanomachia)', 즉 '티탄들과의 싸움'이라고 한다. 제우스는 무한 지옥 '타르타로스'에 갇혀 있던 외눈박이 거인 3형제와 손이 백 개 달린 백수 거인 3형제를 구해 자기 편으로 삼았다. 그리고 이들의 도움을 받아 티탄 반란군을 섬멸하였다. 제우스는 이 때 사로잡힌 거인 괴물 티폰을 에트나 산 밑에 묻었다.

　가이아와 타르타로스의 자식인 티폰은 아마 그리스 로마 신화에 등장하는 가장 무서운 괴물일 것이다. 백 개나 되는 머리는 하늘의 별에 닿았고, 이글거리는 눈에서는 독액이 떨어졌으며, 벌린 입에서는 뜨거운 용암이 흘러 나왔다. 사람들은 티폰이 지금도 몸부림치며 도주를 꾀하고 있는데, 이 때문에 섬에 지진이 일어난다고들

제우스와 티폰의 결투

한다. 또한 그의 거친 숨결이 산을 뚫고 치솟기도 하는데, 그것이 바로 에트나 산의 분화라고 한다.

티타노마키아의 최전선 에트나 화산

올림포스의 신들과 티탄들의 대전쟁. 물론 이것이 화산과 지진의 진짜 원인은 아니다. 하지만 신화 시대의 사람들도 화산의 원인이 땅 속에 있다는 것쯤은 알았다. 땅이 갈라지면서 돌덩어리와 연기 그리고 시뻘건 용암이 꾸역꾸역 흘러 나온다. 도대체 땅 속에 무엇이 있길래 이처럼 엄청난 것들이 솟구쳐 나온단 말인가. 화산의 분화를 보면서 옛날 사람들은 갖가지 신화를 생각해 내었다. 왜? 맞든 틀리든 생활에 엄청난 영향을 끼치는 현상에 대해 그 원인을 모른다는 것은 두려운 일이기 때문이다.

화산과 지진은 어떻게 일어나는 것일까? 우리의 지식이 신화의

수준을 완전히 벗어난 것은 그리 오래 된 일이 아니다. '판구조론'
이라는 해답이 등장한 지 겨우 30년밖에 안 되었기 때문이다. '플
레이트 텍토닉스(Plate Techtonics)'라고도 불리는 판구조론은 말
그대로 지구 껍데기가 여러 개의 암석판으로 이루어져 있다는 학
설이다. 이 암석판의 두께는 대륙 쪽에서는 30킬로미터쯤 되며, 대
양 쪽에서는 10킬로미터쯤 된다. 그런데 문제는 이 암석판이 서로
밀치고 당기며 사고를 친다는 데에 있다.

　암석판들의 경계 중에서 가장 극적인 곳은 태평양 연안 지역이
다. 하지만 지금 우리의 관심은 그리스 로마 신화의 지역에서 벌어
지는 일이기 때문에 지중해에 초점을 맞추기로 한다. 지중해의 아
래쪽은 아프리카이며 위쪽은 유럽이다. 아프리카 대륙은 아프리카
판 그리고 유럽은 유라시아 판에 실려 있는데, 지중해는 아프리카
판과 유라시아 판이 만나는 경계이다. 아프리카 판은 수억 년에 걸
쳐 유라시아 판에 충돌하고 있다. 두 개의 암석판이 충돌하면 어떤
일이 벌어질까? 아프리카 판이 유라시아 판 밑으로 파고들어간다.

　땅 속 100킬로미터 깊이까지 파고 들어간 암석판은 맨틀과 만난
다. 맨틀은 온도와 압력이 엄청나게 높은 지옥의 세계이다. 암석판
은 이 곳에서 녹아 마그마가 된 다음 천천히 위로 솟아오른다. 이
렇게 올라온 마그마는 지하 수 킬로미터의 공간에 머물게 되는데,
이 공간을 '마그마굄(magma chamber)'이라고 한다. 이 마그마가
지표의 약한 부분을 뚫고 분출하는 것이 화산이다. 지중해 연안에
위치한 그리스와 이탈리아의 유명한 화산들은 바로 이렇게 만들어
진 것이다.

　로마 신화의 무대인 이탈리아 반도는 지중해에 푹 담근 길다란

암석판의 활동

왼쪽의 암석판이 오른쪽의 암석판 밑으로 파고들어가고 있다. 밑으로 파고들어간 암석판은 압력과 온도
가 높은 지하에서 녹아 마그마가 되며, 이 마그마가 위로 솟아 화산이 분화한다.

장화 모양을 하고 있다. 이 장화의 앞쪽에 있는 지중해 최대의 섬
이 시칠리아이며, 에트나 산은 이 시칠리아의 동쪽 해안에 3,310미
터의 높이로 우뚝 솟아 있다. 에트나 산의 분화 기록은 기원전
1500년쯤으로 거슬러 올라가는데, 이 기록이 가장 오래 된 화산 분
화 기록이라고 한다. 그 후 현재까지 에트나 산은 적어도 190회 이
상 분화하였다. 우리 같으면 평생에 한 번 구경하기도 힘든 화산의
분화를 이 곳 사람들은 서너 번쯤 보는 셈이다.

'SCASSAU A MUNTAGNA!' 시칠리아 섬의 방언이라서 정확한
발음은 잘 모르겠다. '스카사우 아 문타냐!' 이쯤이면 그럴 듯한 발

음이 아닐까? 어쨌든 이 말은 '산이 깨졌다.'라는 뜻이다. 에트나 산의 분화는 산기슭에 있는 여러 개의 기생 화산에서 일어나는데, 산기슭에 사는 사람들은 몇 년에 한 번씩 기생 화산에서 뿜어져 나오는 용암을 보고 이렇게 외쳤다고 한다. 이 지역 사람들은 또한 무언가 걱정스러운 일이 갑자기 생겼을 때에도 이 말을 쓴다고 한다. 우리말로 하면 '난리 났다!'라는 표현쯤 될 것이다. 화산이 얼마나 자주 분화하면 이런 말이 생겼을까?

이렇게 본다면 신화가 생활 속에서 나온다는 말이 틀린 말이 아니다. 유럽 최대의 화산 에트나가 그리스 로마 신화에 등장하는 것은 당연한 일이라 할 것이다. 물론 신화 시대의 사람들이 판구조론을 알았을 리는 없다. 하지만 화산의 분화가 인간의 능력으로는 어쩔 수 없는, 자연의 엄청난 힘에 의해 일어난다는 사실만큼은 정확히 알고 있었던 것이 아닐까? 거대한 아프리카 판과 유라시아 판의 충돌. 이것이 바로 올림포스의 신들과 티탄의 무지막지한 싸움이 아니고 무엇이겠는가? 또한 그리스 로마 신화가 시작된 지중해의 에트나 산은 바로 티타노마키아의 최전선이 아닌가!

지상 낙원 나폴리는 지옥의 입구

'티타노마키아'가 신들의 전쟁이라면 '트로이 전쟁'은 영웅들의 전쟁이다. 고대 그리스의 시인 호메로스는 「일리아스」와 「오디세이아」에서 트로이 전쟁에 등장하는 영웅들의 무용담을 남겼다. 고대 로마의 시인 베르길리우스(Publius Vergillius Maro ; 기원전 70년~기원전 19년)가 남긴 서사시 「아이네이스」 또한 트로이 전쟁

〈**불타는 트로이**〉 얀 브뤼겔(Jan Bruegel) 작품. 오른쪽 앞 부분에 아버지 안키세스를 업은 아이네아스가 보인다.

의 영웅 아이네아스를 주인공으로 한 모험담이다. 그리스 군에게 패하여 멸망한 트로이의 영웅 아이네아스는 부하들을 이끌고 7년을 방랑한 끝에 라티움 땅에 들어가 로마 제국의 기초를 세운다.

이탈리아에 도착한 아이네아스는 아폴론의 신탁을 고하는 무녀 시빌레의 도움을 받아 지옥을 여행하게 되었다. 항해 도중 시칠리아 섬에서 죽은 아버지 안키세스를 만나 계시를 받기 위한 것이었다. 그런데 지옥의 입구는 도대체 어느 곳에 있단 말인가? 신화 시대의 사람들은 아베르누스 호수에 지옥의 입구가 있다고 생각하였다. 벌핀치의 「신화의 시대」에 따르면, "이 호수의 물에서는 유독

한 증기가 올라왔으며, 둑에서는 풀 한 포기 자라지 않았고, 새 한 마리 날지 않았다."고 한다.

아베르누스는 나폴리의 서쪽 쿠마이 근처에 있는 호수이다. 그런데 이 호수에는 어째서 죽음의 그림자가 드리워져 있는 것일까? 그것은 바로 이 호수가 화산의 분화로 만들어졌기 때문이다. 이 곳은 '캄피 플레그레이(Campi Flegrei)'라고 불리는 복합 화산 지대의 일부이다. 화산이 분화하면 용암 외에도 여러 가지 기체 성분이 분출되는데, 아베르누스는 아마 용암보다는 가스 폭발에 의해 지표가 터져 나가 만들어진 커다란 웅덩이일 것이다. 그 곳에 물이 고이면 호수가 만들어진다. 호수가 만들어진 후에도 상당 기간 화산 가스가 스며 나오기도 한다. 화산 가스의 대부분은 수증기와 이산화탄소이다. 이 밖에 일산화탄소, 이산화황, 황화수소, 염소 등의 유해한 가스들이 포함되어 있는데, 이 소량의 가스들이 주변을 불모지로 만들었을 것이다.

나폴리 만은 길이 32킬로미터에 너비 16킬로미터에 이르는 초승달 모양의 해안이다. 인구 100만의 나폴리는 이탈리아에서 세 번째로 큰 도시로 아름다운 항구이다. 특히 베수비오 산을 배경으로 하는 나폴리 해안은 지중해 최고의 절경으로 손꼽힌다. 오죽하면 '나폴리를 보고 죽어라!'는 속담까지 전해지고 있을까? 말하자면 지상 낙원의 풍경인 셈이다. 그런데 바로 이 곳에 지옥의 입구가 있다니 참으로 아이러니한 일이 아닐 수 없다. 그러나 베르길리우스가 「아이네이스」를 완성하고 100년쯤 지나 이 지상 낙원이 정말 지옥으로 변하는 사건이 일어났다. 지옥의 불길이 입구를 통해 쏟아져 나왔던 것이다.

나폴리 만 주변의 인공 위성 사진

기원전 1세기 무렵, 지중해와 이탈리아 반도는 로마 제국이 지배하고 있었다. 나폴리 만에 자리잡은 폼페이는 로마 제국의 지배를 받는 여러 도시 중에서도 꽤 번영하던 곳이다. 인구는 2만 명쯤 되었으며, 넓적한 돌을 깔아 만든 도로 위에는 풍부한 물자를 실은 마차가 부지런히 돌아다녔다. 수도 시설은 물론 식료품 가게, 세탁소, 술집이 즐비한 도시는 언제나 활기에 넘쳤다.

그러던 서기 79년 8월 24일, 이 날은 풍요의 도시 폼페이가 지옥으로 변하는 날이었다. 베수비오 화산이 폭발한 것이다. 사람들은 겁에 질려 거리로 뛰쳐 나왔고, 뜨거운 화산탄이 집을 부수고 그 사람들을 덮쳤다. 끝없이 쏟아지는 화산재가 또 그 위를 덮었다. 3

폼페이의 비극

폼페이 유적을 발굴하던 연구자들은 화산재를 치워 나가다 이상한 구멍들을 발견하였다. 그래서 그 속에 석고를 부어 보았다. 석고가 굳을 때쯤 화산재를 긁어내었더니 놀랍게도 사람의 형체가 나오는 것이 아닌가? 화산탄과 화산재에 묻힌 폼페이 주민들은 살은 물론 뼈마저 태우는 그 뜨거운 열기에 흔적도 없이 사라지고 말았던 것이다. 뜨거움을 참지 못해 몸을 웅크린 사람, 두 팔로 아이를 감싸 안은 사람, 울부짖으며 돌아다니다 파묻힌 어린아이의 모습 …. 아이네아스가 여행한 지옥의 모습이 이보다 더 참혹했을까?

복원된 폼페이 유적

석고로 복원된 폼페이 주민의 모습

베수비오 화산의 폭발

일 후 드디어 화산은 분화를 멈추었지만 2,000명의 주민과 도시는 이미 두꺼운 잿더미 속으로 사라져 버린 뒤였다. 17세기에 이르러 유적들이 발굴되기까지, 그 후로 무려 1,600년 동안 폼페이는 전설의 도시로 남아 있었다.

폼페이의 비극을 어찌 베르길리우스라고 예견할 수 있었을까! 그 사건은 단지 신화 시대 이전부터 있어온 자연 현상의 하나에 지나지 않았다. 그 시대의 사람들도 무서운 재앙을 주는 화산 활동의 근원이 땅 속이라는 사실은 알고 있었다. 하지만 일천한 기술로 땅 속을 직접 들여다볼 수는 없었을 것이니, 그저 땅 속에는 무서운

세상, 즉 지옥이 있으리라 추측하였을 뿐이다. 그러고 보면 지옥의
입구가 아베르누스 호수에 있다는 생각은 나폴리 해안의 왕성한
화산 활동과 무관하지 않다.

화산, 재앙인가 축복인가?

지옥의 입구 화산. 화산은 언제나 우리에게 재난을 주기만 하는
것일까? 그렇다면 사람들은 어째서 화산 근처에서 살고 있는 것일
까? 폼페이의 참사를 전해 들은 사람이라면 누구든 이렇게 말하고
싶었을 것이다. "여러분 제발 다른 곳으로 이사를 가시지요." 하지
만 사람들은 화산의 기슭에서 오늘도 평온한 삶을 살고 있다. 화산
이 생각처럼 위험하지 않음은 다음 이야기들이 증명해 준다.

이탈리아의 지질학자 보리스 벵케에 따르면, 에트나 화산의 분
화가 직접적인 원인이 되어 사망한 사람은 지난 3,500년 동안 77명
에 불과하다고 한다. 물론 외국의 다른 자료에는 1669년의 분화 때
무려 20,000명 이상의 희생자가 생겼다는 기록도 있다. 그러나 이
것은 24년 뒤에 일어난 지진의 피해와 혼동되어 잘못 알려졌다는
것이 벵케의 해명이다. 이 지진으로 에트나 화산 기슭에 있는 도시
인 카타니아 주민의 3분의 2가 희생되었으며, 시칠리아 섬의 남동
부가 거의 파괴되었다. 1669년의 화산 분화 때에도 카타니아는 큰
피해를 입었으며, 여러 마을이 파괴되었다. 하지만 이 때의 화산
분화로 주민이 희생되었다는 기록은 전혀 없다고 한다. 어째서였
을까? 분화가 격렬하지 않았고 용암의 흐름도 느렸기 때문이다. 남
쪽 사면에서 분출한 용암이 카타니아에 도착하는 데에는 약 한 달

1669년의 에트나 분화를 그린 프레스코화. 가운데에 보이는 성당은 1693년의 지진 때 파괴되었다.

이 걸렸다고 하니, 그 동안 대피하지 않을 사람이 어디 있겠는가!

벵케는 에트나 화산이 그렇게 위험하지 않다는 증거를 또 하나 제시한다. 1980년부터 현재까지 에트나 화산 분화에 의한 희생자는 두 명인 데 비해, 1995년 한 해 동안 벼락 같은 사고에 의해 희생된 사람은 적어도 다섯 명은 된다는 사실이다.

시칠리아 사람들은 에트나 산을 얘기할 때 '라 노스트라 시뇨라(la nostra signora)'라는 표현을 자주 쓴다고 한다. 이 말은 '우리들의 여인', 즉 '어머니'를 뜻한다. 에트나 산이 도대체 무엇이길래 '어머니'란 말인가? 물론 이 지역 사람들에게 에트나 산은 그 자체로도 고향을 상징하는 산이다. 더구나 이탈리아에서 가장 높은 산이니 긍지가 대단할 것이다. 하지만 정작 에트나 산이 '어머니'로 불리는 이유는 다른 데 있다. 오랫동안 경작을 계속할 경우 땅은 산성이 되어 황폐해진다. 이 때 사람들은 논밭에 석회를 뿌려 땅을

중화시키곤 하는데, 이 지역에서는 화산재가 그 역할을 한다. 화산
재가 바로 석회이기 때문이다. 즉 에트나 산은 이 지역 사람들에게
비옥한 토지를 제공하는 것이다.

　화산은 그 자체가 훌륭한 관광 상품이 되기도 한다. 미국 옐로스
톤 국립 공원의 간헐천, 일본 후지산의 노천 온천은 수많은 관광객
들에게 멋진 볼거리를 제공한다. 세계적인 관광지인 하와이나 제
주도는 화산으로 만들어진 섬들이다. 화산 중에는 용암 대신 진흙
을 뿜어 내는 것도 있는데, 이런 화산에는 진흙 맛사지가 좋은 관
광 자원이다. 또한 지열을 난방이나 발전에 이용하는 나라도 있다.
유명한 화산의 나라인 아이슬란드는 가정 난방의 많은 부분을 지
열로 충당한다고 한다.

　결국 에트나 산은 마을을 덮쳐 건물을 파괴하기도 하였지만, 사
람들에게 풍요로움을 선사하기도 한 것이다. 아름다운 풍경과 비
옥한 토지. 그것은 가끔 엄하기도 하지만 결국 사랑으로 감싸안는
자애로운 '어머니'만이 줄 수 있는 선물이었다.

　그리스 로마 신화에는 또 에트나 산 밑에 헤파이스토스의 용광
로가 있다는 이야기가 전한다. 헤파이스토스는 대장장이의 신으로
이 곳에서 쇠를 녹여 뭐든지 만들어 냈는데, 에트나 산에서 치솟는
연기와 불꽃은 이 용광로에서 뿜어져 나오는 것이라는 애기이다.
앞선 이야기의 괴물 티폰의 불이 파괴의 불이라면, 여기서의 헤파
이스토스의 불은 창조의 불인 셈이다.

　참으로 이상한 일이 아닐 수 없다. 에트나 산의 불길은 티폰이
내뿜는 파괴의 불이 되기도 하고, 헤파이스토스가 풀무질하는 창
조의 불이 되기도 한다. 베수비오 산은 어떠한가? 지옥의 입구가

되는가 하면, 지상 낙원의 터전이 되기도 한다. 신화는 사람들의 입을 통해 전해지는 이야기이다. 선조들이 후손에게 자신들이 보고 듣고 생각한 것을 남긴 이야기인 셈이다. 그렇다면 그리스 로마 신화의 화산 이야기는 우리들에게 무엇을 말하려는 것일까? 시칠리아나 나폴리 사람들에게 재난이 되기도 하고 풍요의 터전이 되기도 하는, 바로 '자연의 양면성'을 이야기하는 것이 아닐까?

지구의 스트레스 해소법 '지진'

과학 지식이 부족했던 옛날 사람들은 지진이 거대한 동물에 의해 발생하는 것이라고 생각하였다. 인도 사람들은 땅을 받치고 있는 여덟 마리의 코끼리 중에서 어느 하나가 힘이 달려 비틀거릴 때 지진이 일어난다고 생각하였다. 지진의 나라 일본에서는 나마즈라고 불리는 괴물 메기가 땅 속에서 요동을 치면 지진이 일어난다고 생각하였다. 이 때 카시마라는 신이 나마즈를 제압하면 지진이 없어진다고도 한다.

그리스 로마 신화에서는 에트나 산 밑에 묻힌 티폰이 도망치려고 몸부림칠 때 지진이 일어난다고 한다. 지진이 화산 활동으로 생긴다고 본 것이다. 화산 분화와 지진 발생 지역이 거의 같다는 것을 보면 어느 정도 연관성은 있는 듯하다. 물론 땅 속의 마그마가 분출하면서 화산 지역에 지진이 일어나기도 한다. 하지만 이것은 화산과 지진 모두가 암석판이 충돌하는 곳에서 발생한다는 사실을 말해 주는 것일 뿐이지, 지진이 화산 활동으로 인해 일어난다는 것을 의미하는 것은 아니다.

지진의 이해를 돕기 위해 예를 하나 들어 보자. 여러분은 아주 오래된 헛간 앞에 서 있다. 헛간에 들어가려면 문을 밀쳐야 한다. 먼저 문을 살짝 밀어 보자. 부드러운 문이라면 슬며시 열리고 여러분은 그 안으로 들어갈 수 있다. 그런데 문이 문틀에 꽉 껴서 잘 열리지 않는 경우라면 좀더 힘을 줘야 한다. '삐걱' 하는 소리와 함께 가볍게 떨리며 문이 열릴 수도 있다. 하지만 그래도 문이 열리지 않는다면? 이제 문에 어깨를 대고 온 힘을 기울여야 한다. 아주 낑낑대며 말이다. 힘을 줄수록 문짝이 휘어진다. 그러다가 '우지끈' 하는 소리와 함께 문이 열리며 헛간이 부르르 떨지 않는가?

지진의 발생 원리도 이와 비슷하다. 이제 헛간에서 나와 거대한 암석판이 충돌하는 지중해의 땅 속으로 들어가 보자. 여러분은 눈을 감고 마음의 눈으로 상상을 해야 한다. 아프리카 판은 힘겨운 투쟁을 하며 유라시아 판의 밑으로 파고들어간다. 상상을 해 보라! 이게 어디 헛간의 문짝에 비교할 것인가? 높은 산들이 울퉁불퉁 솟아 있는 암석판이 다른 암석판 밑으로 기어들어가는 것이다. 뒤에서 아무리 밀어도 앞에서는 좀처럼 들어갈 수가 없다. 지구에 입이 있었다면 아마 이렇게 말했을 것이다. "아, 스트레스 쌓여!" 그러다가 어느 순간 '우두둑' 소리와 함께 암석판이 미끄러져 들어간다.

자, 이 때 어떤 일이 벌어질까? 문짝이 열리며 헛간이 흔들리듯, 땅이 미친 듯이 요동을 칠 것이다. 이것이 바로 지진이다. 폼 나는 말로 하면 '지진은 땅에 축적된 탄성 에너지가 일시에 방출되며 일어나는 지각 현상'이다. 암석판은 탄성 에너지의 축적과 반복을 되풀이하면서 미끄러져 들어간다. 그래서 지진은 오랜 세월에 걸쳐

1995년 코베 지진으로 무너진 고가 도로

몇 번이고 반복되는 것이다.

지진이 발생하는 땅 속 깊은 곳을 진원이라고 한다. 진원에서 발생한 지진은 지진파로서 전달되면서 지표를 뒤흔든다. 지진파가 전달되는 곳에 도시가 있으면 그야말로 난리가 난다. 도로가 갈라지고 철로가 엿가락처럼 휘며 건물은 형체도 없이 파괴된다. 물론 희생자도 엄청나다. 1995년 이웃 나라 일본의 코베라는 도시에 지진이 발생했는데, 지속 시간은 불과 수십 초에 지나지 않았다. 하지만 약 5,000명의 희생자와 약 25,000명의 부상자를 낳았다. 재산 피해 또한 약 50조 원에 달했다고 한다.

　사람은 자연에서 태어나고 자연에서 살아간다. 자신이 태어난 곳에서 논밭을 일구고 가축을 기르며 살아간다. 그러다가 화산이나 지진 또는 해일의 피해에 좌절하기도 한다. 하지만 자연을 등지며 살아갈 수는 없는 법. 자연은 언제 그랬냐는 듯 사람들이 또 다시 그 곳에서 살아갈 힘을 준다. 오랜 세월 사람들은 자연을 배우며 과학을 발달시켜 이제 자연을 바꾸려는 시도를 할 수 있게 되었다. 하지만 거대한 자연의 힘 앞에서 이 얼마나 무모한 짓인가? 사람은 결국 자연의 자비로움에 의지하며 살아가야 할 존재인데 말이다. 신화 시대의 사람들에게 자연은 바로 신이었다. 그들은 신화를 통해 우리에게 이런 말을 하고 싶었던 것 아닐까?
　"신이여, 뜻대로 하소서!"

〈포세이돈〉
월터 크레인(Walter Crane) 작품(1892년)

포세이돈의 저주 '해일'

그리스 로마 신화의 시대. 황금의 시대, 은의 시대, 청동의 시대가 지나고 철의 시대가 왔다. 이 시대의 사람들은 신을 두려워하지 않고 전쟁을 일삼았다. 제우스는 더 이상 참을 수 없어 세상을 물바다로 만들어 인류를 멸망시키기로 결정하였다. 제우스는 비구름을 불러 폭우를 퍼붓게 하였다. 그러고도 부족하자 포세이돈에게 도움을 청하였다. 포세이돈은 강을 범람케 하여 그 물로 대지를 덮었으며, 지진을 일으켜 대지를 흔들었다. 또 해일을 일으켜 해안을 휩쓸었다. 해일이란 높이 수십 미터의 거대한 파도를 말하는데, 특히 지진 때문에 일어난 해일을 '쓰나미'라고 한다. 쓰나미의 피해는 화산 폭발이나 지진의 그것을 능가한다. 1782년 대만을 덮친 쓰나미는 약 50,000명의 희생자를 냈다고 한다. 쓰나미의 피해가 이처럼 큰 것은 그 규모가 엄청나서이기도 하겠지만, 사람들이 해안지역에 많이 모여 살기 때문일 것이다. 쓰나미가 가장 많이 발생하는 곳은 태평양 연안이지만, 전 세계의 쓰나미 중 10퍼센트는 지중해에서 일어난다고 한다.

3장

피부색의 진화와 유전

─파에톤의 실수로 만들어진 검은 피부

"그는 방향도 모르고 무작정 앞으로 달렸다. 에티오피아 사람들은 피가 한꺼번에 겉으로 몰리는 바람에 검게 되었으며, 리비아 사막은 바싹 말라 오늘날과 같은 모습을 하게 되었다."

─토마스 벌핀치 「신화의 시대」

〈파에톤의 추락〉 요한 리스(Johann Liss) 작품(1623년경)

그리스 로마 신화를 읽으면서 생기는 수수께끼를 하나 풀어 보자. 최고의 신 제우스가 어째서 태양의 신이 아닐까?

이 수수께끼를 풀려면 여러분은 옛날 사람이 되어야 할 것 같다. 적어도 마음만은 말이다. 옛날 사람들은 대지(지구)가 세상(우주)의 중심이며 생명의 모체라고 생각하였다. 그래서 세상에 밝음과 따스함을 주는 태양은 중요한 자연물의 하나였을 뿐이다. 그러한 사실은, 카오스에서 세상이 막 태어났을 때에는 제우스의 할머니이자 대지의 여신인 가이아가 최고의 신이었음을 보아도 알 수 있다. 제우스는 여러 가지 우여곡절을 겪은 끝에 아버지를 물리치고 하늘의 신이자 최고의 신으로 등극하였다. 최고의 신이란 말 그대로 세상 만물을 주관하는 신이다. 그러니 제우스가 세상 만물의 하나일 뿐인 태양을 다스려야지 태양의 신이어서야 되겠는가!

태양 마차는 아무나 끄나!

지동설의 등장으로 태양이 우주의 중심에 서게 되었지만, 지구는 여전히 우주에서 가장 중요한 별(행성)이다. 지구는 태양에 비해 초라하게 작을지라도 생명이 넘치는 별이기 때문이다. 그래도 태양은 중요하지 않은가 하고 생각하는 사람이 있을 것이다. 맞는 말이다. 달이 없다면? 우리는 살 수 있다. 화성이나 목성 같은 다른 행성들이 없다면? 그래도 우리는 살 수 있다. 그럼 태양이 없다면? 우리는 물론 거의 모든 생명체가 사라질 것이다. 태양은 지구 생명의 근원이다. 태양은 비를 내리게 하고, 식물을 자라게 하며, 동물을 먹여 살린다. 석탄이나 석유도 태양 에너지가 축적된 것이니 우리의 문명도 태양에게 신세를 지고 있는 셈이다. 태양은 우리의 고향 지구보다 더 중요할 수는 없지만, 우리가 살아가기 위해서는 꼭 필요한 별(항성)이다.

옛날 사람들도 이 정도는 알고 있었다. 고대의 여러 민족들이 태양을 신으로 숭배한 사실을 보아도 알 수 있다. 이집트의 '라(Ra)', 인도의 '수리야(Surya)', 잉카의 '인티(Inti)' 그리고 일본의 '아마테라스(Amaterasu)'는 모두 각 나라의 신화에 등장하는 태양의 신이다. 이렇게 중요한 태양의 신이 그리스 로마 신화에서 빠질 리 없다. 또한 그냥 얼굴만 비치는 것이 아니라 여러 가지 세상 일에 관여하는 바도 크다. 이제부터 그리스 로마 신화에 등장하는 태양의 신 아폴론(또는 헬리오스)에 관한 이야기를 살펴보려고 한다. 그것은 그냥 태양과 태양의 신 아폴론에 관한 옛날 이야기가 아니다. 비록 틀린 부분도 있지만, 그것은 태양이 우리 생활에 끼치는 영향을 섬세하게 관측한 과학 기록이다.

에티오피아의 왕비 카시오페이아는 자신의 아름다움에 도취된 여인이었다. 그 증상이 너무 심해 자신이 바다의 님프만큼 아름답다고 자랑할 정도였다. 자랑도 심하면 흉이 된다고 했다. 카시오페이아는 바다의 님프들을 노엽게 하여 자신의 딸 안드로메다를 바다 괴물에게 제물로 바치는 신세가 되었다. 다행히 페르세우스라는 영웅의 도움으로 딸을 살리게 되는데 …. 이 이야기는 다음 번에 자세히 다루기로 한다. 여기에서 우리의 관심은 카시오페이아가 흑인이었다는 다소 놀라운(?) 사실이다.

"카시오페이아는 에티오피아 사람이었는데, 그 말은 자신의 아름다움을 그렇게 뽐내었건만 결국 흑인이었다는 뜻이다. '침사(沈

思)의 사람(Il Penseroso)'이란 시에서 그런 이야기를 넌지시 비친 밀턴은 그렇게 생각하였는데(중략)"

이 말은 흑인은 미인이 될 수 없다는 뜻인가? 이 글을 쓴 벌핀치(Thomas Bulfinch ; 1796년~1867년)가 활약하던 시대는 아프리카에서 흑인을 사냥하여 노예로 부리던 시절이었으니 망정이지 요즘 같으면 큰 곤욕을 치를 만한 생각이다. 2001년에는 나이지리아 출신의 아그바니 다레고(Agbani Darego)라는 흑인 아가씨가 '미스 월드'의 왕관을 썼으며, 2002년에는 할 베리(Halle Berry)라는 흑인 배우가 아카데미 여우 주연상을 탔으니 말이다. 물론 지금 우리의 주제는 그리스 로마 신화의 내용을 과학적으로 검토하려는 것이다. 그럼 그리스 로마 신화에서 '에티오피아 사람과 흑인'에 대해 언급한 내용을 하나 더 소개한다.

"그 때 파에톤은 세상이 불바다가 된 것을 보았으며, 자신도 열기 때문에 견딜 수가 없었다. 그가 들이마신 공기는 용광로에서 나온 것처럼 뜨거웠으며, 시뻘건 재로 가득하였다. 연기는 역청처럼 새까맸다. 그는 방향도 모르고 무작정 앞으로 달렸다. 에티오피아 사람들은 피가 한꺼번에 겉으로 몰리는 바람에 검게 되었으며, 리비아 사막은 바싹 말라 오늘날과 같은 모습을 하게 되었다."

아폴론의 아들 파에톤은 망나니였나 보다. 아버지를 졸라 태양의 이륜마차를 끌게 되었는데, 결국 사고를 치고 말았다. 폼 나게 마차에 오르고 신나게 달리는 것까지는 좋았지만, 그만 고삐를 놓처 버린 것이다. 말들이 제멋대로 날뛰자 마차는 제 길을 벗어나 별자리를 그스르기도 하고, 지표 근처까지 내려가 숲과 대지를 불태우기도 했다. 온 세상은 그야말로 불바다가 되었으며, 그 때 에티오피아 사람들의 피부도 검어졌다는 것이다. 여기서 의문이 생긴다. 그렇다면 에티오피아 사람들의 피부가 원래는 검지 않았다는 말인가? 또 검은 피부의 원인이 태양 때문이란 말인가? 그리스 로마 신화가 전하는 이 내용들의 어디까지가 사실인지 또 과학적 근거는 있는 것인지 한번 알아보자.

태양, 에티오피아 사람들을 검게 만들다!

먼저 에티오피아 사람들의 피부색 변화에 관한 문제이다. 여기에는 역사적 지식이 다소 필요하다. 한국 전쟁의 참전국이기도 한 에티오피아는 동북부 아프리카 아비시니아 고원에 위치한 나라이며, 아라비아 반도의 남부와는 홍해를 사이에 두고 있다. 이 말은 홍해를 사이에 두고 두 지역이 쉽게 교류할 수 있다는 뜻이기도 하다. 에티오피아는 또 아프리카에서 가장 오랜 역사를 가진 나라이기도 하다. 고대 그리스의 역사가 헤로도토스(Herodotos ; 기원전 약 484년~기원전 약 425년)의 기록과, 성서에도 자주 등장할 정도이다. 그런데 이 나라 사람들의 생김새에는 이상한 특징이 있다. 피부색은 황갈색에서 흑갈색에 이르기까지 다양하지만 분명 흑인인데, 외모나 골격은 흑인과 백인의 특징을 고루 갖추고 있다는 점이다.

1974년 에티오피아의 수도 아디스아바바에서 북동쪽으로 160킬로미터 떨어진 하다르다에서 350만 년 전 인류 조상의 화석이 발견되었다. '루시'라고 불리게 된 이 화석 인간은 발견 당시만 해도 가장 오래 된 인류의 조상으로 여겨졌다. 즉, 에티오피아에는 아주 오래 전부터 인류가 살아왔으며, 이 곳의 원주민들은 흑인이었을 것으로 추정된다. 그런데 수천 년 전, 적어도 기원전 5세기 무렵부터는 아라비아 반도에 있던 시바(Sheba) 사람들이 에티오피아로 이주하기 시작한다. 에티오피아의 건국 신화에 따르면, 기원전 10세기 중반에 이스라엘을 다스리던 솔로몬 왕과 시바의 여왕 사이에서 태어난 아들 메넬리크(Menelik)가 유대인을 이끌고 에티오피아 왕국을 세웠으며, 그 나라가 지금까지 이어져 내려오고 있다고 한다.

위의 이야기를 종합해 보면 다음과 같은 추론이 가능해진다. 수천 년 전, 아라비아 반도의 남부에 살던 유대인(백인)들이 에티오피아로 이주하였다(성서의 창세기에서는 이들을 노아의 아들 함과 셈의 후손이라고 전하고 있다). 이들은 원주민들에게 새로운 문물을 전하며 사회 지도층을 이루었다. 남의 땅에 가서 주인 행세를 하게 된 것이다. 그러니 그리스나 로마 신화의 무대인 발칸 반도와 지중해 그리고 소아시아에서 말하는 에티오피아 사람들이 누구였겠는가? 당연히 그 곳으로 이주한 유대인, 즉 백인들이었다. 오랜 세월이 흐르면서 이 유대인들과 원주민들의 혼혈 후손이 대를 이었다. 이 후손들은 혼혈 정도에 따라 갈색에서 짙은 갈색의 피부색을 가지게 되었다. 그리스 로마 신화는 흰 피부를 가졌던 에티오피아 사람들이 시간이 흐르면서 점차 검은 피부를 갖게 되었다는 사실을 정확히 반영하고 있는 것이다.

이번에는 태양과 피부색의 연관성에 관한 문제이다. 사람의 피부색은 크게 검은색과 흰색 그리고 황색으로 나뉜다. 그 밖에도 갈색이나 붉은색 등 여러 가지 피부색이 있지만, 피부색을 내는 색소는 단 하나 멜라닌뿐이다. 색소로만 본다면 사람은 모두 같은 피부색을 가지고 있는 셈이다. 하지만 멜라닌이 조금밖에 없으면 피부가 희게 보이고 많으면 검게 보인다. 우리 같은 아시아 사람들은 멜라닌의 양이 백인과 흑인의 중간쯤 되기 때문에 피부가 옅은 갈색(황색)에서 갈색으로 보인다.

황인종은 햇빛, 특히 자외선의 양에 따라 피부색이 잘 변한다. 여러분도 자외선이 강한 바닷가나 스키장 또는 높은 산에서 피부가 검게 그을린 적이 있을 것이다. 자외선을 많이 받으면 일시적으로 멜라닌이 많아져 피부가 검게 변한다. 물론 자외선의 양이 적어지면 원래의 피부색으로 돌아온다. 우리 몸에 어떤 변화가 생긴다는 것은 그 변화가 도움이 된다는 뜻이다. 멜라닌이 많아지면 무엇이 좋을까? 멜라닌의 중요한 역할 중의 하나는 자외선을 차단하는 것이다. 자외선은 에너지가 높기 때문에 피부에 화상을 입히거나 암을 일으키기도 한다. 그래서 자외선이 강해지면 멜라닌 색소가 일시적으로 늘어나 피부를 보호하게 되는 것이다.

평생 햇빛 아래에서 농사를 짓느라 구릿빛 피부를 가지게 된 부부를 생각해 보자. 이들의 자손은 구릿빛 피부를 가지고 태어날까? 아니다. 유전자에 변화가 생긴 경우가 아니라면 평생 동안 멜라닌의 양이 많아졌다고 해서 자식에게까지 전달되지는 않는다. 아프리카의 흑인들은 신화의 시대보다 훨씬 오래 전에 검은 피부를 갖게 되었다. 그래서 이들의 유전자에는 자신의 피부색을 검게 하는

다양한 피부색 검은색, 짙은 갈색, 옅은 갈색, 흰색. 피부 색깔은 다양하지만 그 요인은 단 하나, 멜라닌이다.

정보가 담겨 있다. 이것은 오랜 세월에 걸쳐 진화된 결과이다. 이 유전 정보는 자손 대대로 전달되기 때문에 아프리카의 흑인들은 조상 대대로 검은 피부색을 물려 받는다. 그래야 작열하는 태양 아래에서도 살아 남을 수 있을 터이니 말이다.

그러나 흑인이라고 해서 피부색이 모두 같은 것은 아니다. 새까만 숯에서 갈색 낙엽에 이르기까지 피부색의 검은 정도는 아주 다양하다. 순수한 흑인 부모에게서는 아주 검은 피부의 자식이 태어난다. 하지만 흑인과 백인 사이에서 태어난 자식들은 순수한 흑인들 사이에 태어난 자식들보다는 옅은 피부색을 갖는다. 에티오피아의 원주민(흑인)과 유대인(백인) 사이에서 태어난 후손들, 즉 현대의 에티오피아 사람들이 바로 그런 경우이다. 어쨌든 현대의 과학자들은 검은 피부가 나타나게 된 것은 강렬한 햇빛, 특히 자외선으로부터 살아 남기 위한 진화의 결과라고 말한다. 그리스 로마 신화도 검은 피부와 태양의 연관성을 정확히 기록하고 있는 것이다. 그런데 단지 태양과 검은 피부를 거론했다고 해서 그리스 로마 신화의 기록이 과학이라고 말할 수 있을까? 여기에 대해서는 다음 글의 뒷부분에서 이야기해 보도록 하자.

3,000년 만에 누명을 벗은 태양

살다 보면 누구나 한 번은 '세상에 믿을 것 하나 없다.'라는 생각을 할 때가 있다. 그래서인지 '믿는 도끼에 발등 찍힌다.'라는 속담도 있다. 과학을 맹목적으로 신뢰하다 보면 언젠가는 '과학도 믿을 게 못 된다.'라는 말을 하게 될지도 모른다. 서로 상반되는 주장을 펼치는 과학도 있기 때문이다.

'피부 멜라닌의 중요한 기능은 자외선 차단이다.' 이 책을 읽지 않은 사람도 잘 알고 있는 상식이다. 이것은 열대 지방 사람들과 동물들의 피부가 검게 진화한 이유에 대한 근거이기도 하다. 하지만 2001년 봄, 오스트레일리아의 생물학자 제임스 매킨토시(James Mackintosh)는 '검은 피부는 흰 피부에 비해 세균에 대한 저항력이 강하다.'라는 요지의 논문을 발표하였다. 이 논문에 따르면, 열대 지방 사람들과 동물들의 피부가 검게 진화한 이유는 자외선 때문이 아니라 질병 때문이라는 것이다.

자외선과 멜라닌이 무관하다는 증거는 여러 곳에서 발견된다. 목구멍과 콧구멍 그리고 생식기는 햇빛에 거의 노출되지 않는데도 멜라닌을 많이 포함하고 있다. 또 고릴라는 온 몸이 털로 덮여 있고 그늘진 숲에서 살고 있기 때문에 자외선 걱정을 하지 않아도 되는데 검은 피부색을 가지고 있다. 더 나아가 매킨토시는 멜라닌의 자외선 차단 효과가 그렇게 뛰어난 것은 아니라고 말한다.

멜라닌은 곤충의 몸 속에도 있다. 곤충의 몸에 병균이 들어오면 이 멜라닌이 병균을 에워싸 무력화시킨다. '곤충 면역학'을 주제로 박사 학위를 취득한 매킨토시가 이런 사실을 모를 리 없었다. 여기에서 더 나아가 그는 사람이나 대형 포유류의 몸 속에 있는 멜라닌도 이러한 역할을 할 것이라고 생각하였다. 그리고 사람의 멜라닌이 미생물의 성장을 억제한다는 사실을 실험을 통해 확인하였다. 여기에 대한 증거는 베트남전에 참전한 미군들의 경우에서도 발견되고 있다. 미군들은 화농성 연쇄상구균(streptococcus pyogenes)에 의해 감염되는 정글통증(jungle sore)이라는 피부병에 많이 시달렸다. 그런데 메콩강 삼각주 전투에 참여한 미군들 중 이 질병에 걸린 병사들의 분포를 조사해 보니, 백인 병사가 흑인 병사보다 세 배나 더 많았다.

그러나 검은 피부가 질병에 강하다면 어째서 모든 인류가 흑인으로 진화하지 않았는가? 매킨토시의 이론은 그 이유도 설명해 준다. 멜라닌은 티로신(Tyrosine)이라는 아미노산으로부터 만들어지는데, 이 티로신은 단백질의 재료이기도 하다. 아주 먼 옛날, 춥고 건조한 지역에 사는 사람들의 몸에서는 티로신이 주로 단백질을 만드는 데 이용되었다. 이들이 바로 백인의 조상이다. 그리고 따뜻하고 습한 열대 지역에 사는 사람들의 몸에서는 단백질을 만들고 남은 티로신이 멜라닌을 만드는 데 이용되었다. 열대 지역에는 먹이가 풍부한 반면 질병이 만연하였기 때문이다. 멜라닌이 많아지면서 피부가 검게 된 이들이 바로 흑인의 조상이다.

지금까지 파에톤이 저지른 사건(?)을 한 예로 그리스 로마 신화와 과학을 비교하여 보았다. 신화와 과학을 비교하면서 주의해야 할 점은 다소 허황되게 들리는 신화 속의 상징들을 잘 소화시켜야 한다는 것이다. '하늘을 나는 태양 마차라니 지나가는 개도 웃겠소.'하는 자세로는 신화의 참뜻을 이해할 수가 없다. 옛 사람들은 이 신화를 통해 우리에게 두 가지 사실(실제로는 더 많지만)을 말하고 있다.

첫째는 '에티오피아 사람들은 백인에서 흑인으로 바뀌었다.'는 것이고, 둘째는 '태양 때문에 흑인이 생겨났다.'는 것이다. 그들은 유전의 법칙이나 진화론을 몰랐기 때문에 자신들의 방식으로 그 이유를 설명해 내려고 노력하였다. 그리고 그 원인들도 정확히 알아내고 기록하였다. 어떤 현상에 대한 원인을 알아내려는 노력, 그것이 과학이라고 할 때, 그리스 로마 신화가 바로 과학이 아니고 무엇이겠는가!

피가 겉으로 몰려 피부가 검게 되었다는 설명은 터무니없는 오류라고 주장하는 사람도 있을 것이다. 하지만 과학은 어제의 오류를 바탕으로 점점 완전해져 가는 학문이다. 결과만이 아니라 과정 자체도 과학의 중요한 목적이자 특징이다. 멜라닌의 예에서 살펴

보았듯이 매킨토시의 '질병설'이 옳다면 지금까지 우리가 알아왔던 '자외선설'은 틀린 것이 된다. 흑인을 만든 용의자로 지목 받던 태양이 3,000년 동안 써온 누명을 벗게 되는 것이다. 그렇다고 해서 '자외선설'이 엉터리 같은 과학이 되는 것은 아니다. 마찬가지로 그리스 로마 신화는 그 시대 사람들이 알고 있는 한도 내에서 흑인이 나타나게 된 이유를 성실하게 설명하고 있는 것이다.

4장

줄기 세포의 유전 공학

—티토노스의 자기애와 프로메테우스의 인류애

"제우스는 프로메테우스를 카우카소스 산의 바위에 쇠사슬로 묶었다. 그러자 독수리가 날아와 그의 간을 쪼아 먹었는데, 간은 독수리가 쪼아 먹는 대로 다시 만들어졌다."

—토마스 벌핀치 「신화의 시대」

〈프로메테우스와 독수리〉
페터 파울 루벤스(Peter Paul Rubens) 작품

세 상에는 죽음의 문턱에까지 갔다가 살아난 사람도 많다. 그들은 자신들이 겪은 사후의 세계가 어떠한지 우리에게 이야기해 주기도 한다. 아이네아스는 죽은 아버지를 만나기 위해 사후 세계를 여행하기도 하였다. 모든 생명체는 한번 죽으면 끝나는 것이 아니라 무엇인가로 다시 태어난다는 윤회설도 있다. 대부분의 사람들은 그런 이야기들을 믿지 않지만, 아무리 오랜 세월이 흘러도 그런 이야기들은 사라지지 않고 있다.

그리스 로마의 신들은 넥타르와 암브로시아를 먹고 불로불사의 삶을 영위한다. 그에 비해 인간은 얼마나 비참한가! 늙고 병들어 결국 죽음을 맞는다. 영원히 살 수는 없을까? '한 번만이라도 다시 태어날 수 있다면, 후회 없는 삶을 살 수 있을 텐데 …. 아니 다시 태어나지는 못하더라도 사는 동안 병에 걸리지 않고 건강하기만 하였으면 ….' 인간의 이런 바람은 입에서 입으로 전해지며 불멸의 삶을 사는 신들과 사람들의 신화와 전설을 남겼다. 신들이 사라지고 인간이 신의 위치를 넘보는 21세기, 불로불사의 꿈은 요원하더라도 무병장수의 꿈은 이제 막 눈 앞에 펼쳐지고 있다.

매미는 불로불사의 곤충인가?

헬리오스(로마 신화의 아폴론)가 태양의 이륜마차를 끌고 나타나기 직전, 세상은 암흑의 밤에서 벗어나 어렴풋한 빛으로 물든다. 헬리오스의 여동생 에오스가 먼저 활동을 시작한 것이다. 새벽의 여신 에오스는 인간을 사랑한 적이 많았다. 트로이 왕 라오메돈의 아들 티토노스도 그 중 하나였다. 그러나 신이 인간을 사랑할 때 잊지 말아야 할 것이 있다. 인간은 언젠가 늙고 병들어 죽는다는 것이다.

에오스는 제우스에게 부탁하였다. "티토노스에게 영원한 생명을

<늘어 가는 티토노스와 에오스>
줄리언 시몬(Julien Simon) 작품(1783년).
그림의 왼쪽 위에 빛나는 별은 금성이다. 새벽의 여
신 에오스는 금성(헤스페로스)의 어머니이기도 하다.

주소서." 고맙게도 제우스는 그녀의 부탁을 들어 주었다. 그런데
이게 무슨 일인가? 세월이 흐르자 티토노스가 점점 늙어 가는 것이
아닌가? 아차! 영원한 생명은 얻었는데, 영원한 젊음을 요청하지
않았던 것이다. 후회해도 이미 때는 늦었다. 에오스는 머리가 희어
져 가는 티토노스를 보면서도 어찌할 수가 없었다. 티토노스가 몸
조차 가눌 수 없게 되자 에오스는 그를 방 안에 숨겨 놓았다. 하지
만 그의 신음소리만은 더 이상 참을 수가 없었다. 에오스는 결국
티토노스를 매미로 만들어 버렸다.

  참으로 묘하게 끝나는 사랑이야기이다. 제우스를 다시 찾아가
울며 불며 애원하면 혹시 영원한 젊음을 줄 수도 있었을 텐데 ….
신들의 세계는 아주 냉정한가 보다. 그건 그렇고 에오스는 티토노
스를 왜 하필이면 매미로 만들었을까? 짜증나는 늙은이의 신음소
리보다는 매미의 울음소리가 그나마 나았던 것일까? 그리스 로마

신화는 말해 주지 않지만 매미의 생태에서 우리는 티토노스가 굳이 매미로 변한 이유를 추론해 볼 수 있다.

대부분의 동물은 자신을 닮은 새끼를 낳는다. 돼지는 꼬마 돼지를 낳고, 코끼리는 꼬마 코끼리를 낳는다. 알을 깨고 나오는 뱀이나 새 또는 악어도 어미를 꼭 닮았다. 이 꼬마 동물들이 점점 자라 어른이 되는 것이다. 하지만 동물 중에는 어미와 전혀 다른 모습으로 태어나는 것들도 있다. 몇 번의 변신 과정을 거치면 당연히 어미의 모습을 하게 되지만 말이다. 티토노스가 변해서 된 매미는 그렇게 변신을 하는 대표적인 동물이다.

매미는 과일이나 나무에 알을 낳는다. 그 해 겨울이 지나고 이듬해 봄이 되면, 알에서는 애벌레가 나온다. 애벌레는 땅 속으로 들어가 나무 뿌리의 수액을 빨아 먹으며 몇 년을 지낸다. 보통 굼벵이라고 불리는 매미의 애벌레는 누에와 비슷하지만 좀더 통통하다. 우리 나라에서 흔히 볼 수 있는 유지매미나 참매미의 애벌레는 땅 속에서 6년을 지낸다고 한다. 6년이 지난 어느 여름 날, 다 자란 애벌레는 땅 위로 기어 나와 나뭇가지에 몸을 고정시킨 후 딱딱해진 껍질을 벗는다. 이 껍질 속에서 나오는 것이 바로 우리가 보는 매미이다.

때문에 늙어가는 인간이라면 껍질을 벗는 매미를 보고 이렇게 생각할 수 있다. '아, 쭈글쭈글하고 거칠어진 이 껍질을 벗어 버리고 탄력있는 젊은 몸으로 되돌아 갈 수 있다면 ….' 노쇠해진 티토노스를 보고 에오스가 한 생각도 다르지 않았을 것이다.

'허물을 벗고 신선한 모습으로 다시 태어나는 저 매미를 보라! 그래, 사랑하는 티토노스가 젊음을 되찾을 수만 있다면 …'

동서양을 막론하고 매미는 새로운 삶, 즉 부활을 상징하고 있다. 중국의 민간에서는 죽은 사람의 입에 비취로 조각한 매미를 물리는 풍습이 있었다고 한다. 매미처럼 껍질을 벗고 다시 태어나게 되기를 기원하는 뜻이다.

이 같은 사람들의 기원과는 달리 성충이 된 매미의 수명은 기껏해야 1주일에서 한 달이다. 땅 속에서 보낸 각고의 세월에 비하면 그야말로 허망한 삶이 아닐 수 없다. 하지만 사람들은 허물을 벗고 나타나는 매미를 보고 새로운 삶을 살아간다고 생각한 것이다.

낡은 몸을 버리고 새 몸 속으로…

몇 년 전, '프리잭'이라는 SF 영화를 본 적이 있다. 2009년의 지구. 자원은 고갈되고 모든 사람은 가난한 자와 부유한 자로 양분되었다. 그러나 아무리 부유해도 노화와 죽음은 피해갈 수 없는 법. 그들은 눈부시게 발전한 과학 기술을 이용해 새로운 육체를 얻는다. 그 방법은 과거로부터 젊은 사람을 납치해 그 육체에 자신의 기억을 옮겨 심는 것이다. 마치 매미가 허물을 벗고 새로 태어나듯이, 늙고 병든 몸을 젊은 몸으로 바꾸는 셈이다.

그러나 이 영화가 현실이 되기 위해서는 '시간 여행'과 '기억 이식'이 가능해야 한다. 두 가지 모두 상상 속에서나 가능한 일이다. 특히 시간 여행은 영원히 불가능할지도 모른다는 생각이 든다. 하지만 젊은 몸을 구하기 위해 과거까지 갈 필요는 없을 것 같다. 원하기만 한다면 현실 세계에서도 얼마든지 구할 수 있기 때문이다. 물론 법적으로는 불가능하겠지만 말이다.

어쨌든 기술적으로만 보면 '프리잭'보다는 '6번째 날'이라는 SF 영화가 좀더 현실적(?)인 것 같다. '6번째 날'에서는 새로운 몸을 만들기 위해 복제 기술을 이용한다. 그런 다음 신코딩(syncoding) 이라는 기술로 기억을 옮긴다. 이 영화에서도 기억 이동이라는 문제는 남지만 인간 복제는 지금도 어느 정도 가능한 기술이 아닌가?

'콩 심은 데 콩 나고, 팥 심은 데 팥 난다.' 자식은 어버이를 닮는다는 속담이다. 이처럼 자식이 어버이를 닮는 것을 유전이라고 한다. 유전은 어버이의 생물학적 형질이 유전자를 통해 자식에게 전해지기 때문에 생긴다. 유전자는 세포핵 속의 염색체에 위치하고 있다. 염색체의 수는 생물에 따라 다르지만, 보통은 짝을 이루고 있다. 그래서 염색체의 수를 2n으로 표시하는데, 사람의 경우 n이 23이므로 $2 \times 23 = 46$ 즉, 염색체의 수는 모두 46개이다.

자연적인 발생

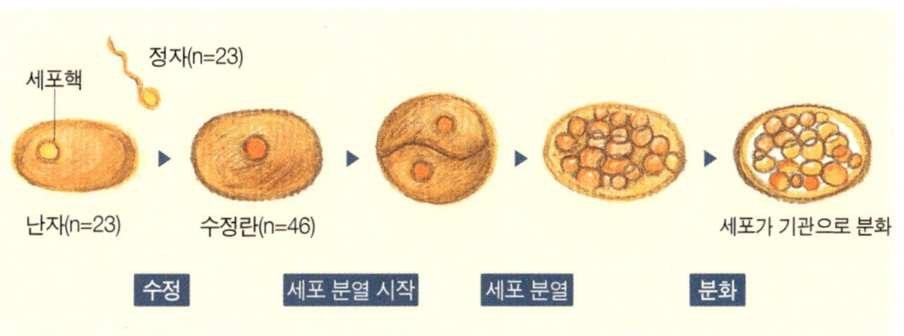

그렇다면 우리 몸의 모든 세포 속의 염색체가 46개일까? 그런 것은 아니다. 우리 몸을 이루고 있는 세포(체세포)의 염색체는 46 개이지만, 자손의 번식에 관여하는 세포(성세포)의 염색체는 23개 이다. 성세포란 쉽게 말해 난자와 정자이다. 난자와 정자는 각각 하나의 세포인데, 난자에 정자가 결합함으로써 생명이 탄생하게 된다. 이 때 각각 23개인 난자와 정자의 염색체가 모여 자손의 염색체는 모두 46개가 된다.

이 결과 태어난 아기는 부모로부터 각각 절반씩의 염색체를 받았기 때문에 부모와는 다른 형질을 갖게 된다. 즉, 부모와는 전혀 다른 새로운 사람인 것이다.

이런 자연적인 발생과 달리 복제 인간은 사람이 세포에 유전 공학적 조작을 가함으로써 탄생한다. 먼저 난자에서 세포핵을 제거한다. 그런 다음 복제할 사람의 체세포의 핵을 주입하여 대리모의 자궁에서 키운다.

인간 복제

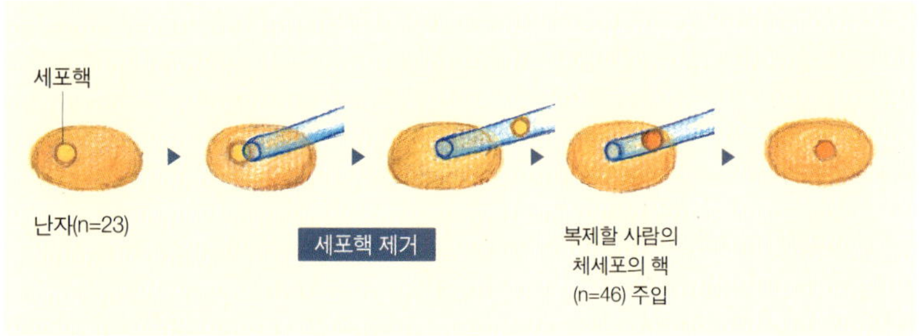

이렇게 탄생하는 아기는 체세포의 핵을 제공한 사람과 유전학적으로 완전히 같은 사람이다. 그 사람의 염색체를 그대로 물려받았기 때문이다.

자, 이제 복제 기술을 이용하여 늙어 가는 티토노스에게 젊음을 부여해 보자. 티토노스의 체세포에서 핵을 떼어 내 어떤 여인으로부터 얻은 난자의 핵과 바꾸어 놓는다. 그 난자를 또 다른 여인의 자궁에 이식하여 아기를 낳는다. 그 아기가 건장해졌을 때 티토노스의 기억을 옮긴다. 티토노스가 매미가 되지 않고서도 영원히 젊음을 유지할 수 있게 되는 것이다.

인간 복제의 딜레마

1997년 2월 23일, 영국 로슬린 연구소의 이언 윌멋은 '돌리(Dolly)'라는 복제 양을 만들어 냈다. 복제 인간의 가능성을 알리는 서곡이었다. 그 후 여러 종류의 복제 동물은 만들어졌으나 아직까지 복제 인간이 탄생하지는 않았다. 2002년 12월 '클로네이드'라는 미국의 회사가 자신들이 복제 인간을 탄생시켰노라 발표하기는 하였지만 그 주장이 사실인지 아직 과학적으로 입증되지는 않은 상태이다. 어쨌든 현재의 기술로 볼 때 복제 인간의 탄생이 전혀 불가능한 일만은 아닌 것 같다.

조만간 태어날지도 모르는 복제 인간. 어쩌면 복제 인간은 이미 태어나 어느 곳에선가 자라고 있을지도 모른다. 이에 여러분은 어떤 생각이 드는가? '신이 못하는 일을 해냈다! 드디어 불로불사의 방법을 찾아낸 것이 아닌가!' 이런 쪽으로만 생각한다면 참으로 어리석은 사람이 아닐 수 없다. 인간 복제에는 '인간의 존엄성'이라는 큰 문제가 뒤따르기 때문이다. 즉, 복제 티토노스가 새로 태어난 티토노스라면 늙은 몸을 한 티토노스는 무엇이란 말인가, 역시 인간 아닌가? 그렇다면 함부로 폐기 처분할 수도 없는 일이다. 또한 기억을 옮기기 전의 복제 티토노스는? 그냥 길러진 세포 덩어리

가 아니라면 역시 완전한 인간이 아닌가? 그렇다면 누구의 권리로
그 몸에 늙은 티토노스의 기억을 옮길 수 있단 말인가? 더 나아가
복제된 티토노스는 누구의 자식인가? 늙은 티토노스, 난자를 제공
한 여인, 아니면 대리모의 자식인가?

인간 복제에서 야기되는 문제는 이것만이 아니다. 인간 복제는
보통 수백 회의 시도 끝에 한 번 성공할까 말까 할 정도로 어렵다
고 한다. 또한 아직 밝혀지지 않은 사실들이 많기 때문에 복제 인
간이 온전한 사람으로 성장한다는 보장도 없다. 만일 불완전하게
태어난다면 그의 불행은 누가 책임질 것인가? 참으로 복잡하고 미
묘한 문제가 아닐 수 없다.

이 글을 쓰고 있던 중 최초의 복제 동물인 돌리가 폐질환을 앓다
가 결국 안락사되었다는 소식을 접하게 되었다. 2003년 2월 15일
의 오전 뉴스였다. 로슬린 연구소는, 돌리의 폐질환은 축사에서 지
내는 양들에게 흔한 질병이라고 발표하였다. 하지만 일부에서는
복제 과정의 오류 때문에 일어난 이상 증상이라는 논란도 일고 있
다. 돌리는 지난 해부터 관절염 증상 등 이상 노화 현상을 나타내
기도 했었다. 어쨌든 돌리는 양들의 평균 수명(11~12년)을 채우
지 못한 채 세상을 떠났다. 이런 일이 복제 인간에게도 일어나지
말라는 법은 없다.

이런 위험성 때문인지 세계 여러 나라에서는 인간 복제를 법으
로 금지하고 있는 추세이다. 하지만 인간 복제 기술을 무조건 금지
하는 데에도 문제는 있다. 이 기술은 인류를 질병으로부터 구해 줄
수 있는 무한한 가능성을 지니고 있기 때문이다. 인간 복제는 과학
기술의 문제가 아니라 인류 전체의 윤리 문제라는 점을 잘 인식하

여 슬기로운 해결책을 찾아 나가야 할 것이다.

티탄의 일원인 이아페토스의 아들 프로메테우스. 그처럼 인간과 깊은 인연을 맺은 신도 없으리라. 프로메테우스는 흙을 빚어 인간을 만들었으며, 올림포스에서 불을 훔쳐 인간에게 주었다. 이런 저런 일로 인해 제우스의 미움을 사게 된 프로메테우스는 카우카소스 산에 쇠사슬로 묶이는 형벌을 받게 되었다.

〈인간을 만드는 프로메테우스〉 피에로 디 코시모(Piero di Cosimo) 작품. 가운데에 최초의 인간이 아직 생명이 불어넣어지지 않은 채 진흙상으로 서 있다.

그것으로 끝나는 형벌이었으면 얼마나 좋았을까? 쇠사슬에 묶여 꼼짝할 수 없는 프로메테우스에게 독수리가 다가왔다. 그러더니 그의 간을 쪼아 먹는 것이 아닌가! 프로메테우스의 오른쪽 옆구리는 피투성이가 되었다. 하지만 독수리는 다음 날에도 또 찾아 왔다. 하룻밤 사이에 재생된 간을 쪼아 먹으러 온 것이다. 프로메테우스의 고통은 헤라클레스가 독수리를 때려 죽일 때까지 계속되었다고 한다.

티토노스가 매미로 변한 것이 우연이 아니듯, 프로메테우스가 계속해서 간을 쪼이는 형벌을 받은 것도 우연이 아니다. 간은 우리 몸에서 재생 능력이 뛰어난 기관의 하나이다. 건강한 어른의 경우 70퍼센트를 떼어 내도 살 수 있으며, 몇 주일만 지나면 정상 크기로 재생이 된다고 한다. 독수리가 간을 하루에 몇 퍼센트씩 쪼아 먹는다고 가정하면, 프로메테우스의 이야기도 허풍은 아닌 셈이다.

간은 영양소를 몸의 각 부분에 필요한 물질이나 영양소로 바꿔 주는 기능을 한다. 또한 단백질 대사로 만들어진 유독 물질인 암모니아를 요소로 바꿔 준다. 담즙을 만들고, 호르몬의 균형을 유지하며, 비타민과 철분 그리고 혈액을 저장하기도 한다. 간은 인체의 화학 공장이자 창고인 셈이다. 간은 이처럼 다양하고 중요한 기능들을 수행하기 때문에 기능이 심하게 떨어지면 여러 가지 문제가 발생한다.

만일 간경변증 같은 질병에 걸려 간을 쓸 수 없게 되었다면 어떻게 해야 할까? 이 때 간의 재생 능력이 큰 기여를 한다. 건강한 사람의 간을 일부분 떼어 내어 이식을 하는 것이다. 다음 내용은 간의 재생 능력을 잘 보여 주는 예이다. 2000년 3월 18일자 〈오마이

뉴스(ohmynews.com)〉의 해외 뉴스를 간추린 것이다.

"최근 미국에서는 하나의 간을 나눠 두 사람에게 이식하는 수술에 성공했다. 〈보스턴 글로브〉에 소개된 화제의 주인공은 45세의 래리 하우스 씨와 이제 갓 18개월을 넘긴 재즈민 톰슨 보르도이. 하우스 씨는 지난 1월 31일, 간이식 수술을 위해 매사추세츠 종합 병원으로 실려 왔다. 드디어 2개월 만에 간 기증자가 나타났다. 하지만 그 기쁜 소식과 함께 슬픈 소식도 찾아 왔다. 같은 병동에 재즈민이란 이름의 유아가 역시 간이식 수술을 기다리며 고통스런 시간을 보내고 있다는 이야기를 듣게 되었기 때문이다. 마침 재즈민의 혈액형과 간 기증자의 혈액형이 일치했다. 재즈민의 부모는 기증된 간을 나눠서 자신들의 아기에게도 이식해 주면 안 되겠느냐는 부탁을 하였다. 재즈민은 아버지의 간을 잘라서라도 수술을 해야 했을 정도로 긴급한 상황이었기 때문이다. 하우스 씨는 자신의 수술 성과가 어떻게 될지도 모르는 상황에서 그 부탁을 들어 주었다. 즉, 기증 받은 간의 80퍼센트는 하우스 씨에게 이식하고, 나머지 20퍼센트는 재즈민에게 이식하게 된 것이다.

담당 의사인 벤 코시미 박사는 수술 성공률이 5퍼센트나 감소한다는 사실을 알면서도 부분 이식 수술을 결정한 하우스 씨의 용기를 칭찬하였다. 하우스 씨와 재즈민은 모두 성공적으로 수술을 마쳤으며, 현재 재즈민은 퇴원하였고 하우스 씨는 병원에서 수술 경과를 주시하고 있다."

프로메테우스는 제우스가 최고 신의 자리를 영원히 유지할 수 있는 비밀을 알고 있었다고 한다. 때문에 제우스에게 복종하고 그 비밀을 알려 주었더라면 언제든지 형벌을 면할 수가 있었다. 비록 신성한 불을 훔쳐 인간에게 주는 불경한 죄를 지었더라도 말이다. 하지만 프로메테우스는 부당한 수난을 받으면서도 굴하지 않는 의 지력을 발휘하였다.

우리 주변에는 간의 일부를 기꺼이 기증함으로써 고통 받는 환 자를 구하였다는 아름다운 소식들이 심심치 않게 전해진다. 간의 기증을 통한 이러한 인류애는 바로 프로메테우스로부터 시작된 것 이 아닐까?

생로병사의 설계도 DNA

대부분의 사람들은 살면서 몇 번쯤은 몸에 흉터를 가지게 된다. 연필을 깎다 손가락을 칼에 베인다거나, 급히 뛰어가다 넘어져 무 릎이 깨진다거나, 벽에 부딪쳐 머리가 찢어진다거나 …. 흉터는 나 이가 들수록 많아진다. 흉터란 살아가며 얻은 영광의 흔적들인 셈 이다. 그런데 우리 몸은 찢어지거나 깨진 부분을 스스로 복구하는 능력을 가지고 있다. 생물체가 몸의 일부를 상실할 경우, 그 부분 의 조직이나 기관이 다시 만들어져 원래의 상태로 복구하는 작용 을 재생이라고 한다.

우리 몸에 재생 능력이 있는 것은 사실이나, 피부가 살짝 찢어지 거나 살점이 조금 떨어져 나간 경우라면 몰라도 잘린 손가락이 다 시 생기지는 않는다. 재생 능력은 신체의 부분에 따라 다른 것이 다. 뿐만 아니라 생물 개체에 따라서도 다르다. 예를 들어 도마뱀 은 적에게 공격을 당했을 때 꼬리를 끊고 도망을 간다. 적이 꿈틀

거리는 꼬리에 신경을 쓰는 동안 목숨을 건지는 것이다. 하지만 꼬리가 잘렸다고 해서 걱정할 필요는 없다. 잘린 부분에서 꼬리가 다시 자라기 때문이다.

일반적으로 진화가 덜 되고 구조가 간단한 동물일수록 재생 능력이 뛰어나다고 한다. 게나 새우의 집게발, 물고기의 지느러미 등은 모두 쉽게 재생되는 기관들이다. 플라나리아, 불가사리, 지렁이 같은 동물들은 몸을 절단하면 조각난 몸이 각각 하나의 개체로 재생된다고 한다. 그냥 자르기만 하면 복제품이 생기는 것이다.

우리 몸의 재생 능력도 이처럼 뛰어나다면 얼마나 좋을까? 약해진 심장이나 침침해진 눈을 떼어 내면 튼튼한 심장과 밝은 눈이 다시 생겨나고, 사고로 팔다리를 잃더라도 몇 달만 참으면 새로 솟아나지 않겠는가? 하지만 불행인지 다행인지 그런 일은 일어나지 않는다. 그럼 우리 몸이 어떻게 만들어지는지 살펴보면서 더 알아보기로 하자.

우리를 비롯한 대부분의 동물은 난자라고 불리는 하나의 세포에서 태어난다. 난자에 정자가 결합하면 수정이 된다. 수정된 난자는 세포 분열을 반복하면서 여러 개의 세포로 나뉜다. 하나의 세포가 두 개의 세포, 두개의 세포가 네 개의 세포로 나뉘면서 세포가 기하급수적으로 늘어나는 것이다. 여기서 나뉜다는 것은 박테리아가 분열하듯이 두 세포가 서로 떨어져 나간다는 뜻이 아니라, 하나의 개체를 이루면서 세포의 수가 늘어난다는 뜻이다. 단, 난자가 둘로 나뉘었을 때 완전히 떨어져 나가는 경우도 있는데, 일란성 쌍둥이가 탄생하는 경우가 그러하다.

이 때 분열되어 나온 세포는 원래의 세포와 똑 같다. 만일 세포 분열이 이런 상태로 계속된다면 모든 생명체는 하나의 커다란 세포 덩어리가 될 것이다. 하지만 세포의 수가 어느 정도 많아지게 되면, 영역에 따라 서로 다른 세포로 구별되기 시작한다. 다시 말해 머리와 심장, 팔과 다리 같은 기관이 형성되는 것이다. 또 같은 기관이라 하더라도 조직에 따라 근육 세포, 신경 세포 등으로 구별된다. 이처럼 하나의 수정란에서 만들어진 많은 세포들이 형태와 기능이 다른 세포들로 변해 가는 과정을 '분화(differentiation)'라고 한다.

하나의 세포가 분열을 시작하고 조직과 기관이 만들어지면서 아기가 탄생한다. 그 아기가 커서 우리가 된 것이다. 우리 몸은 모두 200 종류의 세포로 이루어져 있으며, 어른 몸의 세포는 무려 60조에서 90조 개나 된다고 한다. 이 세포를 모두 이으면 지구를 네 바퀴 반이나 돈다고 하니 세포 분열의 힘은 정말 대단한 것이다. 물론 지금 이 순간에도 여러분의 몸에서는 계속 세포 분열이 일어나고 있다. 그렇다면 우리 몸은 엄청나게 커질 텐데 …. 그런 걱정은 하지 않아도 된다. 세포도 기능이 떨어지면 늙고 죽기 때문이다. 예를 들어 우리 몸의 혈액 세포는 120일쯤 살다 죽는다. 피부 세포는 그보다 수명이 짧아 35일쯤 살다 죽는다. 물론 새로운 혈액 세포와 피부 세포가 계속 만들어지기 때문에 혈액이 갑자기 모자란다거나 피부가 한꺼번에 벗겨지는 경우는 없다.

'너는 근육 세포가 되는구나. 나는 신경 세포가 되어야지. 피부가 찢어졌으니 세포 분열을 빨리 해서 상처를 아물게 해야지. 너무 오래 살았으니 이제 죽을 때가 된 것 같구나.'

참으로 놀라운 생명의 신비가 아닐 수 없다. 아무 생각도 할 수

병아리의 발생 과정

대부분의 동물은 하나의 세포에서 탄생한다. 세포의 수가 어느 정도 많아지면, 모두 똑같던 세포들이 서로 다른 세포로 분화하면서 여러 가지 조직과 기관을 만든다. 달걀은 21일의 부화 기간을 거쳐 병아리가 된다.

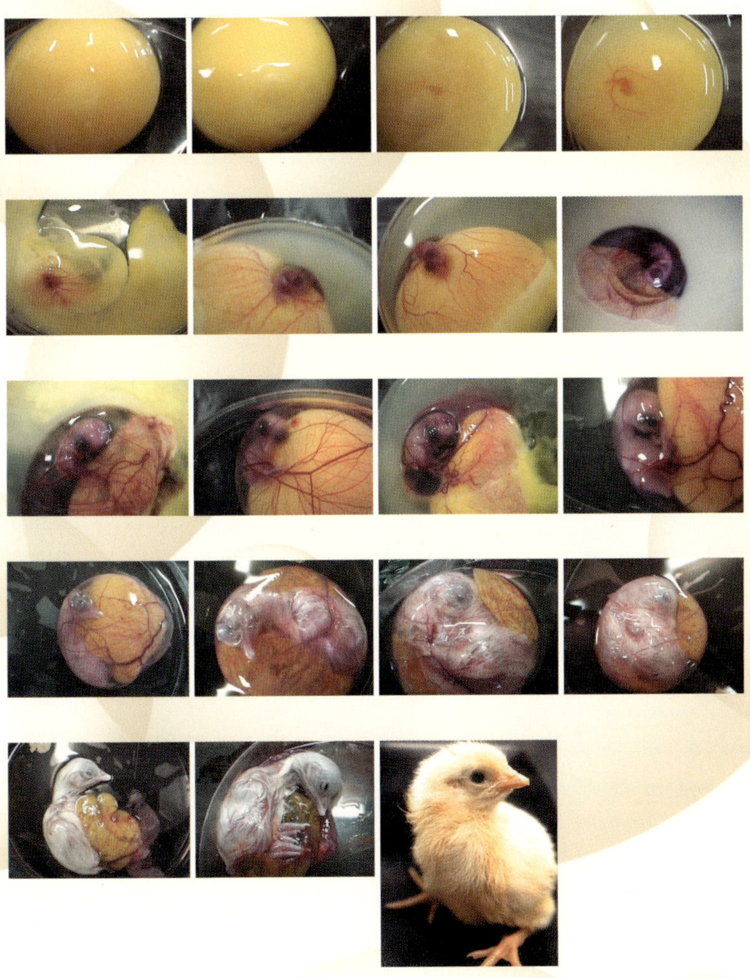

없는 세포들이 어떻게 이런 일들을 벌일 수 있단 말인가? 세포의 모든 행동을 조절하는 것은 바로 세포핵 속에 있는 염색체이다. 염색체는 핵산이라고도 불리는 DNA로 이루어져 있으며, 이 DNA에 세포의 모든 행동 지침이 기록되어 있다. 즉, 생로병사가 다 이 DNA에 설계되어 있다는 말이다. 사람들이 DNA의 연구에 그토록 매달리는 것도 다 이런 이유 때문이다. 우리 DNA의 어느 부분이 어떤 역할을 담당하는지를 밝혀 내는 것이 바로 '인간 게놈 프로젝트'이다. 그리고 DNA를 마음대로 다룰 수 있게 되는 날, 병을 고치고 젊음을 되찾고 완전한 복제 인간도 만들어 낼 수 있게 될 것이다. 어째 짜릿하면서도 섬뜩해지지 않는가?

줄기 세포는 인류 구원의 불로초인가?

몸의 재생에 관한 이야기를 더 해 보기로 하자. 앞에서도 알아보았듯이 수정란은 세포 분열을 계속하다 어느 순간부터 조직과 기관으로 분화한다. 일반적으로 한번 분화한 세포는 다른 세포로 분화할 수가 없다. 피부 세포는 피부 세포로 분열할 뿐이지, 근육 세포나 혈액 세포로 바뀌지 않는다. 그래서 손가락이 잘리면 상처만 아물게 할 뿐이지 다시 손가락을 만들어 내지는 못하는 것이다.

그에 비해 수정란에서 분열하여 아직 조직이나 기관으로 분화하지 않은 세포는 어떠한가? 당연히 어떠한 조직이나 기관으로 분화할 가능성을 지니고 있다. 이처럼 분화하지 않은 상태를 유지하면서 무한정으로 자기 복제를 할 수 있으며, 여러 가지 조직이나 기관으로 분화할 가능성을 지니고 있는 세포를 '줄기 세포(stem cell)'라고 한다. 줄기 세포에는 '성체 줄기 세포(adult stem cell)' 와 '배아 줄기 세포(embryonic stem cell)'가 있다.

성체 줄기 세포는 우리 몸에 있는 줄기 세포를 말하는데, 골수에 들어 있는 조혈모세포는 대표적인 성체 줄기 세포이다. 뼈 속에 있는 골수는 적혈구와 백혈구를 만들어 내는 조직이다. 골수가 기능을 잃으면 혈구가 감소해 죽게 된다. 이 때 다른 사람의 골수를 이식하면 이 속에 있는 조혈모세포가 골수를 재생시킨다. 그 밖에 신경이나 심장, 간 등에서도 성체 줄기 세포가 발견되었다.

배아 줄기 세포란 배아에 들어 있는 줄기 세포를 말한다. 배아는 보통 분열을 시작하여 14일이 지나지 않은 수정란을 말한다. 그럼 배아 줄기 세포가 왜 중요한지 다음의 가상 시나리오를 통해 알아보기로 하자.

길동이는 급성 골수성 백혈병 환자이다. 이 병을 고치려면 누군가로부터 골수를 기증 받아 이식해야 한다. 하지만 모든 사람의 골수가 이식될 수 있는 것은 아니다. 조직 적합 항원(HLA)이 일치해야 하는 것이다. 조직 적합 항원이 일치할 확률은 10만 명에 한 명이다. 그러니 기증자를 찾는 일도 하늘의 별 따기가 아닌가!

방법은 하나다. 조혈모세포, 즉 골수의 배아 줄기 세포를 이식하는 것이다. 먼저 세포핵을 제거한 난자에 길동이의 체세포에서 떼어 낸 세포핵을 융합한다. 난자가 배아로 자란 다음 배아 줄기 세포를 떼어 낸다. 이 배아 줄기 세포는 길동이의 몸으로부터 복제된 것이다. 그러니 아무 거부 반응 없이 길동이의 몸에 이식할 수가 있다. 배아 줄기 세포를 이식 받아 골수가 다시 복구되자 길동이는

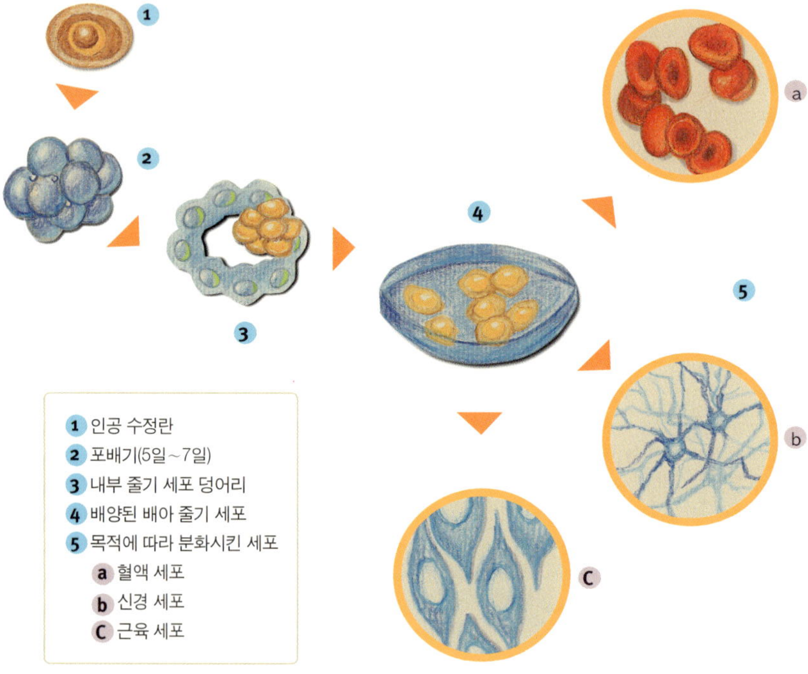

건강을 되찾게 되었다.

배아 줄기 세포는 백혈병뿐만 아니라 당뇨병, 신경계 질환, 선천성 면역 결핍증, 심장 질환 등 수많은 질병을 고칠 수 있다고 한다. 기술이 발달하면 잘린 손가락은 물론 간이나 심장 같은 장기도 만들어 이식할 수 있게 될 것이다. 그렇다면 이런 기술은 빨리 발전시켜야 하지 않겠는가? 하지만 생명을 다루는 일이 그렇게 간단한 것은 아니다.

배아 줄기 세포의 배양은 결국 인간 복제나 마찬가지이다. 다만 배아를 자궁에 착상시키지 않고 14일 이전까지만 실험실에서 배양한다는 점이 다를 뿐이다. 배아는 생명체가 아닌가? 그렇다면 줄기 세포를 떼어 낸 배아는 어떻게 해야 한단 말인가? 과연 인간의 생명을 실험실에서 마음대로 해도 되는 것인가? 참으로 숙연해지는 일이 아닐 수 없다.

인간은 이제 생명을 탄생시키고 마음대로 조작할 수 있는 기술을 갖게 되었다. 지금 당장은 아니지만 바로 눈앞에 보이는 일들이다. 새벽의 여신 에오스도 하지 못했던, 늙은 티토노스에게 젊음을 주는 일도 가능하게 될 것이다. 생명 공학은 지금 가장 급박하게 발전하고 있는 과학 기술의 한 분야이다. 그에 따라 세계 여러 나라는 생명 윤리의 기준을 놓고 큰 고민에 빠져 있다. 인간 복제에 관해서는 대부분의 나라가 금지를 원칙으로 하는 추세이지만 줄기 세포의 배양을 위한 배아 복제에 관해서는 다소 긍정적이기도 하다. 우리 나라에서도 현재 인간 복제 금지법과 생명 윤리 기본법의 시안을 놓고 각계의 의견이 날카롭게 대립하고 있다. 인간의 존엄성을 지키면서 어떻게 과학 기술을 발전시킬 것인가? 참으로 결정하기 어려운 일이다. 그러나 이 문제에 대해 그리스 로마 신화는 멋진 조언을 해 주고 있다. 바로 생명 윤리는 불로불사를 얻고자 하는 티토노스의 자기애가 아니라, 고통을 견디며 의지를 꺾지 않은 프로메테우스의 인류애를 바탕으로 결정되어야 한다는 점이다.

5장

소리를 통해 세상을 본다

—에코의 소리거울과 나르키소스의 물거울

" 그녀(에코)의 형체는 애절하게 사라지고 마침내 살점 하나 없이 뼈만 앙상하게 되었다. 앙상한 뼈는 바위가 되었으며, 그녀의 목소리 외에는 아무것도 남지 않았다."

—토마스 벌핀치 「신화의 시대」

〈에코와 나르키소스〉 존 윌리엄 워터하우스(John William Waterhouse) 작품(1903년)

'**그**리스 로마 신화에서 과학을 끌어 낸다.' 나무 위에서 물고기를 구하려는 것처럼 어리석은 일이 아닐까?

"에코의 메아리는 소리의 반사이며, 나르키소스의 물거울은 빛의 반사이다. 그리고 페르세우스는 방패거울, 즉 빛의 반사를 이용하여 메두사를 처치하였다." 아내에게 이런 이야기를 막 끝냈다. 그렇게 함으로써 나의 생각을 정리하고 예비 독자에게 앞으로 나올 저서의 '재미 없음(?)'에 대해 미리 양해를 구하는 것이다. 그 때 겨울 방학 중인 중3 아들놈이 들어왔다. "야! 그리스 로마 신화에서 무언가 과학을 끌어낼 만한 소재가 없냐?" 소재 발굴에 기력이 떨어지니 아무나 붙들고 하소연을 한다. 그런데 아들놈으로부터 놀라운 답변이 돌아왔다. "페르세우스가 방패에 비친 메두사를 보고 싸우잖아요. 직접 보면 돌이 되니까, 방패에 비치면 마법이 약해져서…"

성서에서 이르길 '하늘 아래 새로운 것이 없다.'고 하였다. 내가 생각한 것을 남이라고 생각 못할 리가 없다. 다만 다소 희한하기도 한 생각을 똑같이 가진 사람이 한 지붕 아래에 있었다는 것이 놀라웠을 뿐이다. 그런데 이 글을 쓰면서도 이와 비슷한 의문 하나가 계속 지워지지 않고 있다. 수천 년 전, 그리스 로마 신화를 이야기하던 사람들은 지금 내가 생각했던 것처럼 '소리'와 '빛'의 관계를 알고 의도적으로 에코와 나르키소스의 사랑이야기를 지어냈던 것일까?

메아리는 민둥산을 좋아한다

나무랄 데 없이 아름답고 매력적인 님프 에코에게는 결점이 하나 있었다. 말하기를 너무 좋아해 남들과 이야기할 때 끝을 모르고 지껄여 대는 것이다. 어느 날 제우스가 님프들과 희롱하고 있을 때 헤라가 에코를 찾았다. 에코는 제우스가 달아날 시간을 벌기 위해 헤라를 향해 한없이 떠들어 댔다. 헤라의 노여움을 산 에코는 결국 큰 벌을 받게 되었다. 그렇게 좋아하던 말을 오직 남이 말한 다음

에야 대꾸로, 그것도 남이 한 말을 되풀이하는 것으로만 할 수 있게 된 것이다.

에코는 나르키소스라는 아름다운 청년을 사랑하게 되었다. 하지만 에코는 말을 먼저 걸 수가 없었다. 나르키소스가 먼저 말을 걸어 주기를 바라면서 그저 그의 뒤만 따라다녔다. 드디어 산 속에서 길을 잃은 나르키소스가 소리쳤다. "여기 누구 없소?" 여기에 대한 에코의 대답은 참으로 어이가 없었다. "… 없소?" 이래서야 어디 사랑을 고백할 수가 있겠는가! 나르키소스에게 버림받은 에코는 실의에 빠진 채 산 속으로 모습을 감추었다. 에코는 슬픔 때문에 점점 야위어 뼈만 앙상하게 남았다. 결국 에코의 뼈는 바위가 되었으며, 목소리만 남게 되었다. 그 때부터 에코를 보았다는 사람은 아무도 없었다. 다만 목소리만 메아리가 되어 이 산 저 산을 헤맬 뿐이었다.

소리의 본질은 진동이며, 진동은 물체의 떨림을 말한다. 에코의 사랑이 마음의 떨림에서 시작하듯 소리는 물체의 떨림에서 시작한다. 북을 치면 가죽이 떨리는 모습을 볼 수 있다. 가죽의 떨림은 공기의 떨림으로 바뀌어 사방으로 전해진다. 이 때 가죽이 떨리는 속도와 공기가 떨리는 속도는 같다. 예를 들어 가죽이 1초에 100번 떨리면 공기도 1초에 100번 떨리는 것이다. 귓속에는 고막이라고 불리는 얇은 막이 있는데, 공기의 떨림이 이 고막을 떨게 한다. 고막의 떨림이 신경을 통해 뇌로 전달되면, 뇌에서 비로소 소리를 인지하게 된다.

공을 던지면 이 곳에서 저 곳으로 날아간다. 하지만 소리는 다른 물질이 없으면 전달되지 않는다. 그래서 공기가 없는 진공이나 우주 공간에서는 소리를 들을 수가 없다. 소리를 전달하는 물질을 매질이라고 하는데, 공기는 물론 물이나 나무, 쇠 같은 모든 물질이 매질이 될 수가 있다. 또 공은 한 방향으로만 나아가지만, 소리는 모든 방향으로 나아간다. 그래서 물건을 떨어뜨렸을 때 주변의 모든 사람들이 그 소리를 들을 수 있게 된다. 그렇다고 소리에 방향성이 아주 없다는 이야기는 아니다. 마주보고 있는 사람의 이야기는 잘 들리지만 등을 보이고 있는 사람의 이야기는 잘 들리지 않는다. 소리는 말하는 사람의 앞쪽으로 가장 세게 전달되는 것이다. 그것이 두 손을 모아 입에 대고 소리를 지르면 먼 곳까지 들리는 이유이기도 하다.

날아가던 야구공은 벽에 부딪치면 튕겨져나온다. 소리가 전달되는 방식은 야구공과 다르지만 소리도 물체에 부딪치면 튕겨져나온다. 이것을 소리의 반사라고 하는데 에코(echo), 즉 메아리란 반사된 소리를 말한다. 산에 가서 큰 소리로 '야호'하고 외쳐 보자. 금세 저쪽으로부터 '야호'하고 메아리가 들려온다. 이 메아리는 나르키소스를 사랑하다 숨진 에코의 목소리가 아니다. 내 목소리가 산이나 절벽에 부딪쳐 반사된 소리이다. 소리의 정체를 과학적으로 설명하지는 못하였지만 옛날 사람들도 산이나 계곡 또는 커다란 건물 내부에서 메아리가 울린다는 현상은 알고 있었다. 그 메아리는 원래의 소리보다 작고 여운을 많이 남긴다. 그래서 그리스 로마 신화의 에코와 같은 애절한 사랑이야기가 탄생한 것이다.

'물에 빠지면 주둥이만 둥둥 뜬다.'는 우스갯소리가 있다. 그렇게 다급한 상황에서도 수다를 떨어야 하기 때문에 입을 물 밖으로 내민다는 뜻이다. 에코의 수다는 이 경지에 이른 것 같다. 그저 한 번 '야~호' 하고 외쳐도 메아리는 '야~호~야~호~야~' 하고 들리니 말이다. 첫 번째 메아리가 다시 산에 부딪쳐 2차, 3차 메아리를 만드는 까닭이다. 이런 현상은 방음 설비가 좋지 않은 커다란 강당에서도 일어난다. 만일 이런 곳에서 콘서트를 개최한다면 메아리 때문에 난리가 날 것이다.

또 유치환 시인의 '메아리'는 우리 나라 어린이들이 가장 좋아하는 동요의 하나이다. '메아리가 살게시리 나무를 심자~.' 산에 나무를 많이 심자는 데에 반대할 사람은 없을 것이다. 그런데 메아리는 어떨까? 메아리는 아마도 그다지 좋아하지 않을 게다. 무성한 나무는 소리를 흡수하여 메아리가 생기는 것을 방해하기 때문이다. 그런 사실은 콘서트 홀에 설치된 방음벽을 보아도 알 수가 있다. 방음벽은 평평하지 않고 요철이 심하다. 그래야 부딪친 소리가 그 틈새에서 여러 번 반사하다 사라지기 때문이다. 다시 말해 방음벽은 소리를 반사하지 않고 잘 흡수하는 것이다. 무성한 나무는 콘서트 홀 방음벽의 요철과 같은 역할을 한다. 산에 나무가 많으면 메아리는 나무 사이에서 흩어져 제대로 살아나지 못할 것이다. 따라서 메아리가 살기에는 나무가 많은 산보다는 민둥산일수록 좋다. 그리스 로마 신화가 이런 사실을 놓칠 리 없다. 그리스 로마 신화는 메아리가 민둥산, 특히 바위산을 좋아한다는 사실을 다음처럼 넌지시 암시한다.

"그녀(에코)의 형체는 애절하게 사라지고 마침내 살점 하나 없이 뼈만 앙상하게 되었다. 앙상한 뼈는 바위가 되었으며, 그녀의

〈나르키소스와 에코〉

니콜라 푸생(Nicolas Poussin) 작품(1630년). 나르키소스 뒤에서 에코가 점점 사라져 가고 있다.

목소리 외에는 아무것도 남지 않았다."

남을 사랑할 수 없는 자, 자신을 사랑할 수도 없다!

나르키소스가 에코의 사랑을 받아 주었더라면 …. 그리스 로마 신화를 읽은 사람이라면 누구나 그렇게 생각하였을 것이다. 하지만 나르키소스의 무정함은 그침이 없었다. 모든 님프들이 나르키소스의 사랑을 원했으나 철저하게 외면당했다. 시간이 흐르면서 님프들의 사랑은 증오로 바뀌어 갔다. 마침내 한 님프가 복수의 여신 네메시스에게 기도하였다.

"저희가 그(나르키소스)를 사랑하였으나 그의 사랑을 받지 못하였습니다. 그러니 그도 언젠가는 그 누구를 사랑하게 하소서. 다만 그 사랑을 이루지 못하게 함으로써 사랑 받지 못하는 사람의 애절함을 깨닫게 해 주소서."

복수의 남신이었으면 모를까? 복수의 여신 네메시스는 그 부탁을 들어 주었다. 이제 나르키소스가 에코, 아니 큰코(?) 다칠 때가 된 것이다.

어느 날, 갈증에 지친 나르키소스는 목을 축이려 어떤 샘을 찾았다. 우선 그 샘은 분위기부터 달랐다. 물은 은빛으로 빛났고, 나뭇잎이나 가지가 떨어져 수면이 더럽혀지지도 않았다. 그야말로 명경지수(明鏡之水), 즉 '맑은 거울처럼 깨끗한 물'이었다. 물을 마시려던 나르키소스는 깜짝 놀랐다. 물 속에서 눈부시게 아름다운

물의 요정이 자신을 바라보고 있었던 것이다. 나르키소스는 그것
이 자신의 영상인 줄 모르고 그만 사랑에 빠지고 말았다.

자신의 모습을 보기 위해 물거울을 이용한 것은 인류의 역사만
큼이나 오래되었다. 고대 그리스의 미케네에서는 이미 청동거울이
사용되고 있었다. 미케네는 기원전 1000년 이전에 융성했던 고대
그리스 문명의 중심지로, 신화 시대의 배경이 되는 곳이기도 하다.
그렇다면 나르키소스가 물거울을 몰랐다는 것이 말이 되는가? 그
것은 아마 네메시스의 저주 때문일 것이다. 더구나 사랑에 빠지면
물불을 가리지 못한다고 하였다. 나르키소스는 바로 물을 가리지
못한 것이다(?).

어쨌든 나르키소스는 물에 비친 자신을 다른 사람으로 생각하고
애절하게 사랑을 구하였다. 하지만 결과는 이미 정해진 것. 물거울
속의 연인을 불러낼 수는 없었다.

"아름다운 이여, 왜 나를 피하는가? 내 모습이 그대의 마음에 들
지 않을 정도는 아닐 텐데. 많은 님프들이 나를 사모하였으며, 그
대도 내게 무관심한 것 같지는 않구려. 내가 팔을 뻗으면 그대도
뻗고, 내 유혹에 그대는 미소로 답하지 않소."

물거울 속의 영상은 나르키소스의 동작을 따라 하지만, 언제나
왼쪽과 오른쪽이 바뀐다. 나르키소스가 오른손을 뻗으면 물거울
속의 영상은 왼손을 뻗는다. 나르키소스가 미소를 지으면 당연히
물거울 속의 얼굴도 미소를 짓는다. 이 때 왼쪽 눈으로 윙크를 했
다면 상대는 오른쪽 눈으로 윙크를 했을 것이다(실제로는 물거울

〈나르키소스의 죽음〉
니콜라 푸생(Nicolas Poussin) 작품(1630년). 죽은 나르키소스 옆에서 에코가 모든 희망이 사라져 버린
얼굴을 하고 있다.

속 영상의 좌우가 바뀌는 것이 아니라 앞뒤가 바뀌는 것이다.). 사람, 특히 어린이들에게는 물거울이 흥미로운 대상이었을 것이다. 하지만 나르키소스에게는 그렇지 못하였다. 얼굴이라도 쓰다듬어 보려 팔을 내밀면 순간 물결이 일며 물의 요정은 사라지고 만다. 나르키소스는 안타까움에 속을 태우다 결국 숨을 거두고 말았다.

그토록 많은 이들의 가슴을 무너지게 했는데도 샘과 나무의 요정들은 그의 죽음을 슬퍼하였다. 신들도 그가 잊혀지길 원치 않아 그를 아름다운 꽃으로 만들었다. 바로 나르키소스 꽃이라 부르는 수선화이다.

자, 이제 에코와 나르키소스의 이야기가 전하려는 뜻을 과학적으로 풀어보자. 우리를 포함한 대부분의 생명체는 여러 가지 감각 기관을 통해 외부로부터 정보를 받아들인다. 시각(눈), 청각(귀), 후각(코), 촉각(피부), 미각(혀)을 다섯 가지의 감각, 즉 오감이라고 하는데, 이러한 감각은 왜 필요한 것일까? 그것은 모든 생명체의 본질에 관한 문제이다. 그럼 생명체의 본질은 무엇인가? 그것은 먹고 사랑하는 일이다. 먹어야 자신이 살고, 사랑을 해야 자손을 번식시킬 수 있다. 에코와 나르키소스는 그 두 가지 중에서 사랑에 관해 이야기하고 있다.

식물의 사랑은 다소 수동적이다. 벌과 나비 또는 바람의 도움을 받아 수꽃의 꽃가루가 암꽃에게 전달되는 것이다. 그에 비해 동물의 사랑, 즉 짝짓기는 능동적이다. 암컷은 페로몬이라는 물질을 분비해 냄새로써 수컷을 유혹한다. 수컷은 힘겨루기로 암컷의 사랑을 차지한다. 아주 오랜 옛날에는 사람도 동물처럼 짝을 찾았을 것이다. 하지만 사람이 동물의 틀을 벗어나 사람다운 생활을 하면서부터는 짝짓기, 즉 사랑의 형태가 달라졌다. 상대의 의사를 존중하며 사랑을 나누게 된 것이다. 먼저 눈(빛)으로 상대를 찾고, 말(소리)로써 사랑을 확인한다. 이러한 기능이 제대로 발휘되지 못하면, 바로 에코와 나르키소스의 비극이 시작된다.

에코는 다른 사람의 말을 존중하지 않았다. 다른 사람이 자신에게 말을 걸어올 때 진지하게 귀를 기울이지 않은 것이다. 다른 사람의 말을 무시하고 지껄이는 말은 그야말로 공허한 메아리가 아니고 무엇이겠는가? 나르키소스는 남의 모습, 즉 존재를 존중하지 않았다. 박테리아나 아메바 같은 하등 동물이라면 짝이 없이 스스로 분열함으로써 자손을 번식시킬 수가 있겠지만 나르키소스는 어엿한 남자였다. 그렇다면 자신의 모습이 아니라 아름다운 여인의 모습에서 사랑을 느꼈어야 한다. 독일의 유명한 정신 분석가 프로이트는 그래서 자신에게 너무 도취된 나머지 이성을 사랑할 수 없게 되는 정신 질환을 ‘나르시시즘(Narcissism)’이라고 불렀다. 바로 나르키소스의 이야기에서 유래한 것이다.

그리스 로마 신화는 문자가 만들어지기 이전부터 사람의 입을 통해 전해져 내려온 이야기이다. 거기에는 사람과 자연 그리고 사람과 사람 사이에서 벌어지는 모든 이야기가 담겨 있다. 그렇기 때문에 그리스 로마 신화는 역사가에게는 역사서로 보이고, 문학가에게는 문학서로 보인다. 또한 과학자에게는 자연 현상의 원인을 담은 과학서로 보인다. 이러한 내용들은 서로 분리되어 있지 않고 어지럽게 섞여 있다. 마치 시간과 장소와 등장 인물이 뒤죽박죽인 꿈처럼 말이다. 하지만 꿈을 잘 해석하면 그 뜻을 헤아릴 수 있듯이 신화 속에서도 의도적인 뜻을 읽어낼 수 있다. 에코와 나르키소스의 이야기는 메아리와 물거울이라는 자연 현상의 속성을 이용하여, 정상적인 이성 간의 사랑이 아주 중요하다는 것을 전해 주는 신화의 교훈인 것이다.

밤을 밝혀 주는 등불 '소리'

사람의 입은 하나인데 귀가 두 개인 이유는? 말을 적게 하고 남의 말을 잘 들으라는 뜻이다. 과학적이지는 않지만 교훈적인 답이다. 에코가 이 말뜻을 이해하고 있었으면 그렇게 원하던 사랑을 구했을지도 모른다. 하지만 과학적인 답은 이것과 다르다. 바로 소리가 난 곳을 알아내기 위해서다.

소리는 공기 속에서 초속 약 340미터의 속도로 나아간다. 즉, 일정한 거리를 지나는 데 일정한 시간이 걸리는 것이다. 그러니 어느 한 곳에서 소리가 났을 때, 그 소리가 두 귀에 도착하는 시간에는 약간의 차이가 난다. 우리는 이 작은 시간 차이를 느낌으로써 소리가 난 방향을 알 수가 있다. 수건으로 두 눈을 가린 술래가 손뼉 치는 사람을 따라가 잡는 봉사놀이는 이 원리를 이용하여 즐기는 민속놀이의 하나이다.

동물의 귀가 두 개인 이유에 대해 과학적인 답을 찾아낸 사람은 캘리포니아 공과대학의 동물신경 비교행동학자인 마사카즈 코니시(Masakazu Konishi)이다. 그는 1970년대 중반부터 헛간올빼미(Barn Owl)가 먹이의 위치를 알아내는 데 두 귀를 어떻게 이용하는지 연구하였다. 올빼미, 그 중에서도 헛간올빼미는 청력이 아주

헛간올빼미

뛰어나 칠흑 같은 밤에도 사냥을 할 수 있다고 한다. 코니시가 자신의 연구에 헛간올빼미를 선택한 것은 바로 그런 이유 때문이다.

앞에서 소리가 두 귀에 도착하는 시간에는 약간의 차이가 난다고 하였다. 코니시는 이 시간 차이 외에 소리의 크기에도 주목하였다. 하지만 여기에서는 문제를 간단히 하기 위해 시간 차이에 의한 효과만을 중심으로 알아보기로 한다.

먼저 올빼미가 땅에 앉아 있는 경우를 생각해 보자. 올빼미를 중심으로 원을 그린다. 그렇게 하면 방향은 각도로 나타낼 수 있다. 올빼미의 앞쪽을 0도라고 하면, 왼쪽은 90도, 뒤쪽은 180도 그리고 오른쪽은 270도이다. 코니시는 올빼미의 왼쪽에서 나는 소리가 올빼미의 두 귀에 도달하는 시간의 차이를 조사해 보았다. 물론 소리는 올빼미의 왼쪽 귀에 먼저 도달하였으며, 200마이크로 초(1마이크로 초는 1백만분의 1초)가 지난 다음 오른쪽 귀에 도착하였다. 음원의 위치를 앞쪽으로 옮겨 갈수록 소리가 두 귀에 도달하는 시간의 차이는 작아지며(음원A), 앞쪽에 오면 시간 차이가 완전히 없어진다(음원B). 앞쪽에 있는 음원에서 두 귀까지의 거리는 같기 때문이다.

이제 여러분이 헛간올빼미가 되어 주위에서 들리는 소리를 들어 보자. 소리가 왼쪽 귀와 오른쪽 귀에 동시에 도달하였다. '흠~, 먹이는 앞쪽에 있군!' 소리가 왼쪽 귀에 들리고 나서 200마이크로 초

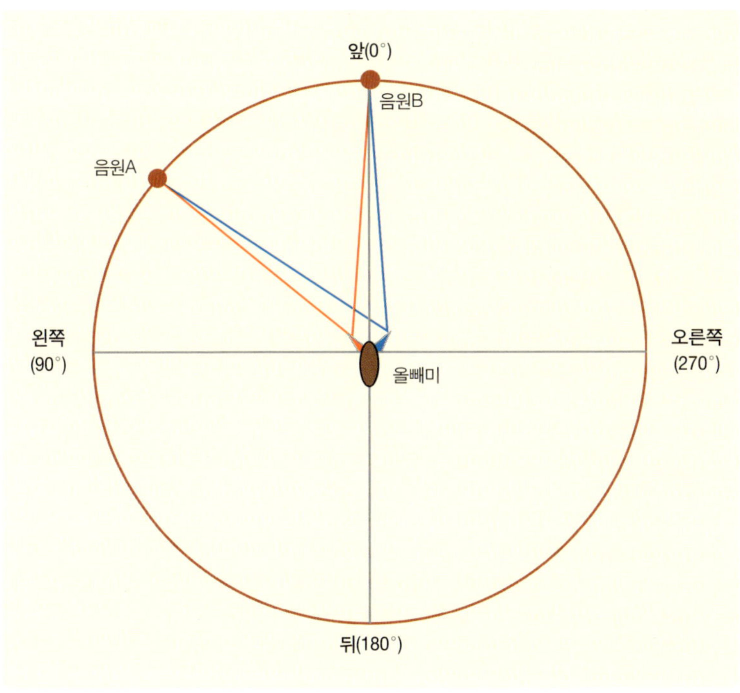

올빼미의 청각 방향

올빼미는 두 귀에 도착하는 소리의 미묘한 시간 차를 구별함으로써 음원의 위치를 알 수 있다.

가 지나 오른쪽 귀에 들렸다. '흠~, 먹이는 왼쪽에 있군!' 소리가 왼쪽 귀에 들리고 나서 약 100마이크로 초가 지나 오른쪽 귀에 들렸다. '흠~, 먹이는 왼쪽으로 약 45도 되는 곳에 있군!' 만약 소리가 오른쪽에서 먼저 들렸다면 먹이가 오른쪽에 있다는 뜻이 될 것이다. 물론 더 작은 시간 차이를 감지할수록 방향을 더 정확하게 알 수 있다. 우리가 소리를 듣고 방향을 알 수 있는 것도 이와 마찬가지이다.

지금까지는 땅에 앉아 있는 올빼미, 즉 2차원 평면에 있는 올빼미의 방향 탐지에 대해서 알아보았다. 하지만 실제 올빼미의 주변은 3차원이다. 그러니까 올빼미는 좌우 방향뿐만 아니라 위아래의 방향도 탐지해야 하는 것이다. 코니시는 음원을 위아래로 움직일 때에도 소리가 올빼미의 두 귀에 도달하는 시간에 차이가 있음을 알아냈다. 그것은 올빼미의 두 귀가 서로 다른 높이에 위치하고 있기 때문에 가능하다. 즉, 올빼미의 왼쪽 귀는 눈보다 높은 곳에서 아래쪽을 향하고 있으며, 오른쪽 귀는 눈보다 낮은 곳에서 위쪽을 향하고 있는 것이다!

이론적으로는 높낮이가 다른 두 귀만 있으면 음원의 3차원 방향을 그냥 잘 알 수 있는 것처럼 보인다. 하지만 실제의 먹이 사냥을 위해서는 이보다 더 복잡한 기능과 함께 노력이 필요하다. 음원으로부터 나온 소리를 두 귀로 듣고 좌우상하의 방향을 정확히 탐지하려면, 소리의 세기 변화를 감지해야 함은 물론 오랜 훈련이 필요한 것이다. 노련한 자동차 정비사는 엔진 소리만 듣고도 어디에 어떤 고장이 났는지를 안다고 한다. 아무리 훌륭한 기능을 가진 올빼미라도 수많은 시행착오를 거친 후에야 바스락 소리만 듣고도 '오른쪽 덤불 속에 들쥐가 숨어 있다.'는 사실을 알게 되는 것이다. 그러고 보면 올빼미에게는 소리가 밤을 밝혀 주는 등불인 셈이다.

그렇다면 올빼미에게는 시력이 전혀 필요 없다는 말인가? 스탠퍼드 대학의 에릭 누드센(Eric Knudsen)은 올빼미의 청력이 아무리 뛰어나다 해도 먹이 사냥에서 주된 역할을 하는 것은 결국 시력이라고 한다. 누드센은 올빼미에게 시야를 어긋나게 만드는 프리즘을 씌웠다. 그랬더니 눈이 그 프리즘에 적응되기까지의 몇 주일

동안은 올빼미의 사냥 능력이 눈에 띄게 떨어지는 것을 볼 수 있었다. 청각의 장점은 소리가 나는 방향을 알 수 있고 밤낮을 가리지 않는다는 점이다. 시각의 장점은 정확하다는 점이다. 올빼미는 청각의 편리함과 시각의 정확함을 조화롭게 이용함으로써 밤의 사냥꾼이라는 명성을 유지하고 있는 것이다.

에코(메아리) 없이는 못살아!

앞에서 살펴본 것처럼 올빼미에게 소리는 빛이나 마찬가지이다. 어두운 숲 속, 나뭇가지에 가만히 앉아서도 두 귀만 열어 놓으면 주변이 훤히 들여다보이는 것이다. 만일 소리를 내는 것이 없다면? 올빼미의 사냥도 꽤 힘이 들 것이다. 하지만 동물 중에는 올빼미보다 소리를 더 잘 이용하는 것들이 많이 있다. 특히 박쥐와 돌고래는 스스로 소리를 내고 되돌아오는 메아리(에코)를 이용하여 주변의 물체를 볼 수도 있다. 흔히 에코로케이션(echolocation)이라고 불리는 이 기술이 어떤 것인지 병코돌고래(bottlenose dolphin)를 중심으로 알아 보자.

병코돌고래라는 이름은 주둥이가 병처럼 튀어 나와 있다고 해서 붙여진 이름이다. 이름은 생소하게 들릴지 모르지만 병코돌고래는 실제로 우리에게 가장 잘 알려진 돌고래이다. 돌고래 쇼에서 멋진 공중제비를 보여 주는 재주꾼이 바로 병코돌고래이다. 다음 그림에서처럼 병코돌고래의 기공(blowhole ; 공기를 뿜어 내는 구멍)의 아래쪽에는 비낭(nasal sac)이라고 불리는 한 쌍의 작은 주머니가 있다. 기공의 통로로 바람을 내뿜으면 비낭이 떨리면서 40,000헤르츠에서 150,000헤르츠의 초음파가 발생한다.

물체의 진동수가 느리면 낮은 소리, 빠르면 높은 소리가 난다. 1초 동안의 진동수를 주파수라고 하는데, 주파수의 단위로는 헤르츠를 쓴다. 1헤르츠는 1초에 1번 진동하는 주파수이다. 사람은 16헤르츠에서 20,000헤르츠의 소리만 들을 수 있는데, 20,000헤르츠 이상의 소리를 초음파라고 한다.

이 초음파는 멜론(melon)이라고 불리는 기관을 지나 앞으로 발사된다. 멜론은 지방이 가득 차 있는 주머니인데, 초음파는 이 곳을 지나며 한 방향으로 모아진다. 말하자면 소리를 모으는 렌즈 역할을 하는 것이다. 앞서 말했듯, 소리는 공기 속에서 1초에 약 340미터를 달린다. 하지만 물 속에서는 이보다 훨씬 빨라서 1초에 1,500미터를 달린다. 앞으로 나아가던 초음파는 물체에 부딪치면 반사파(메아리 또는 에코)가 되어 병코돌고래 쪽으로 되돌아온다.

병코돌고래

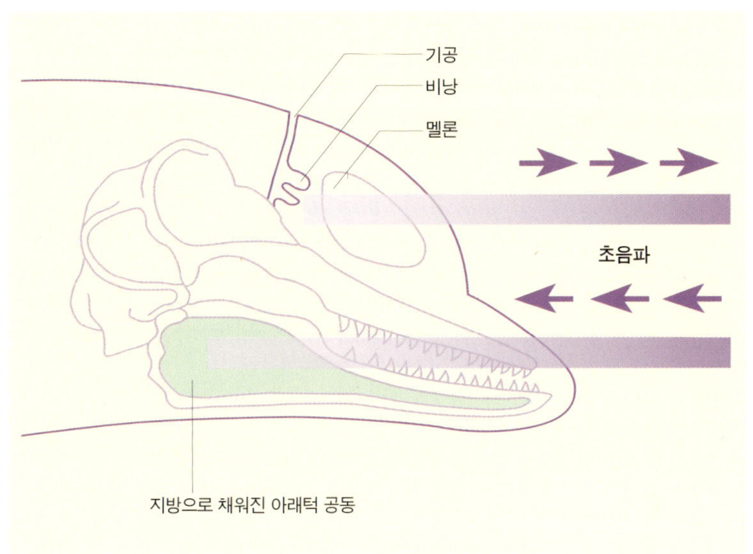

병코돌고래의 구조

반사파를 받아들이는 곳은 아래턱 뼈에 있는 커다란 공간이다. 멜론과 마찬가지로 지방이 가득 차 있는 이 공간을 지난 반사파는 속귀에서 신호로 바뀐 다음 청신경을 거쳐 뇌로 전달된다. 병코돌고래는 이 신호를 분석하여 행동을 결정하면 된다. '야호~, 저쪽에 오징어가 떼를 지어 있네!' 병코돌고래는 지금 이 순간 초음파를 이용하여 여러분이 좋아하는 오징어를 잡아먹고 있는지 모른다.

에코로케이션에서 에코(echo)는 그리스 로마 신화의 에코, 즉 메아리를 말한다. 로케이션(location)은 '장소를 알아 낸다.'는 뜻이니, 에코로케이션이란 '메아리를 이용해 어떤 물체의 위치를 알아 내는 방법'을 말한다. 그런데 어째서 바다의 많은 동물 중에서 돌고래만이 에코로케이션의 기술을 익히게 된 것일까? 여기에 대한 과학적인 답변을 내리기는 쉽지가 않다. 하지만 '에코와 나르키소스'의 이야기에 다음 내용을 덧붙여 본다면 어떨까? 이름하여 '병코와 에코의 사랑이야기'

바닷가의 작은 오두막에 병코라는 총각이 늙은 어머니와 함께 살고 있었다. 어느 날 병코는 어머니의 약초를 캐러 산을 찾았다가 아름다운 에코를 보게 되었다. 첫눈에 사랑에 빠졌음은 물론이다. 하지만 에코는 병코를 거들떠 보지도 않았다. 나르키소스 때문이었다. 나르키소스에게 실연을 당해 에코가 사라지자 병코는 참을 수가 없었다. 그래서 바다의 신 포세이돈에게 빌었다. 나르키소스에게 벌을 내리시면 평생 당신의 나라에서 당신을 모시며 살겠노라고.

마침 나르키소스에게 벌을 내려 달라는 님프들의 요청을 들은 네메시스는 포세이돈과 의논을 하였다. 포세이돈은 자신이 다스리는 물을 이용해 나르키소스에게 벌을 내릴 수 있도록 네메시스에게 배려하였다. 나르키소스는 물에 비친 자신의 모습을 사랑하다 죽음에 이른 것이다. 병코는 이제 포세이돈과의 약속을 지키기 위해 홀어머니를 뒤로 한 채 바다 속으로 들어갈 수밖에 없었다. 포세이돈은 병코를 돌고래로 만들어 주었다. 병코는 바다에 살면서도 에코를 잊을 수 없어 하루 종일 속삭여 댔다. 그래야 에코의 목소리, 즉 메아리를 들을 수 있기 때문이었다!

앞의 창작 그리스 로마 신화를 읽으면서 돌고래가 아주 오랜 옛날에는 육지에 살던 포유류였다는 사실을 떠올렸다면, 여러분은 대단한 과학 지식의 소유자이다. 또한 포세이돈이 암피트리테에게 구혼하기 위해 돌고래를 타고 갔다는 사실을 알고 있었다면, 여러분은 그리스 로마 신화에 관한 한 전문가라고 할 수 있을 것이다. 포세이돈은 암피트리테를 얻은 뒤에 돌고래를 별자리로 만들어 은혜에 보답하였다. 돌고래가 음악을 좋아한다는 이야기는 또 어떠한가? 그리스 로마 신화의 유명한 음악가인 아리온이 바다에 빠져 죽음의 위기를 맞았을 때, 그의 감미로운 노래를 듣고 찾아온 돌고래가 아리온을 등에 태우고 무사히 해안까지 안내한 이야기도 있다.

자, 지금까지 에코와 나르키소스의 사랑이야기를 과학으로 풀어 보았다. 에코는 소리의 반사이며, 올빼미나 돌고래는 소리나 에코를 이용하여 세상을 보기도 한다. 사람은 소리를 이용해 말을 할 수 있을 뿐, 에코를 이용하지는 못한다. 하지만 사람은 에코를 이용하는 정밀한 기계를 만들어 냈다. 요즘에는 초음파 영상 장치를 이용해 산모 뱃속에 있는 태아의 3차원 영상을 얻기도 한다. 돌고래의 초음파 기관이나 사람이 만든 초음파 영상 장치는 에코를 이용한 거울, 즉 ‘소리거울’인 셈이다. 이에 비해 나르키소스는 ‘물거울’을 이용하여 자신의 모습을 보았다. 비록 물거울을 잘못 이용해 비참한 최후를 맞았지만.

그리스 로마 신화에는 소리거울과 물거울 외에 또 하나의 거울이 등장한다. 그것은 페르세우스가 메두사를 처치할 때 사용한 방패거울이다. 다음 장에서는 이것에 대해 알아보자.

6장

우주를 바라보는 거대한 거울들

—페르세우스의 방패거울

"페르세우스는 아테나와 헤르메스가 빌려 준 방패와 날개 달린 구두를 몸에 지니고 잠든 메두사에게 접근하였다. 그리고 휘황찬란한 방패 속에 비친 메두사의 모습을 보면서 달려들어 머리를 베어 버렸다."

—토머스 벌핀치 「신화의 시대」

〈메두사를 죽이는 페르세우스〉 프란체스코 마페이 작품

에코의 소리거울과 나르키소스의 물거울은 각각 소리와 빛을 반사한다. 물거울의 특징은 자신의 모습을 비춰볼 수 있다는 것이다. 물론 현대의 첨단 소리거울, 즉 초음파 영상 장치라면 자신의 모습을 볼 수도 있다. 하지만 물거울은 초음파 영상 장치처럼 복잡하지도 않으면서 훨씬 뚜렷한 영상을 보여 준다. 그래서 물거울은 우리 자신의 모습을 비춰 주는 최초의 거울이었다.

그 다음으로 등장한 거울이 청동거울이다. 청동거울은 물거울과 달리 가지고 다닐 수 있다. 그래서 언제 어디에서든지 자신의 모습은 물론 다른 물체의 모습을 비춰 볼 수가 있다. 그리스 로마 신화의 영웅 페르세우스는 청동 방패를 가지고 메두사를 처치하러 떠난다. 페르세우스에게 청동 방패는 바로 거울이기도 하였다.

실물은 괴물이라도 영상은 허수아비

페르세우스는 제우스와 다나에 사이에서 태어난 아들이다. 제우스의 아들이라면 당연히 영웅이 될 것이며, 또 영웅이라면 숱한 모험을 겪어야 할 것이다. 페르세우스도 청년이 되자 모험을 떠나게 된다. 나라를 황폐하게 만드는 괴물 메두사를 처치하라는 왕의 명령을 받은 것이다. 메두사의 머리카락은 하나하나가 모두 뱀이었다. 또한 얼마나 무섭게 생겼는지, 한번 쳐다보기만 하면 누구든 돌로 변하였다.

메두사의 동굴에 도착한 페르세우스는 입구 주변에 서 있는 많은 석상들을 보았다. 모두 메두사의 얼굴을 보고 돌로 변한 사람과 동물들이었다. 자, 메두사를 죽이려면 메두사를 보아야 할 터이고, 메두사를 보기만 하면 그대로 돌이 될 터인데 …. 여기서 페르세우스는 지혜의 여신 아테나가 빌려준 청동 방패를 생각해 내었다. 잘

〈**파멸의 머리**〉 에드워드 번-존스(Edward Burne-Jones)의 작품. 페르세우스가 안드로메다에게 메두사의 머리를 보여 주고 있다. 메두사의 머리를 직접 보면 돌이 된다. 그래서 페르세우스와 안드로메다는 물에 비친 메두사의 머리를 보고 있는 것이다.

닦인 청동 방패는 반짝반짝 윤이 났으며, 자신의 얼굴이 그대로 비치지 않는가? '그래, 이 청동 방패에 비친 메두사의 얼굴을 보면 되는 거야!' 페르세우스는 메두사가 잠들었을 때 방패에 비친 모습을 보면서 메두사의 목을 베고 자루에 넣었다. 페르세우스는 후에 바다의 괴물에게 제물로 바쳐진 안드로메다를 구하기도 한다.

페르세우스와 메두사의 이야기를 읽으면서 얼마 전에 보았던 텔

레비전 프로그램 하나가 생각났다. 체구가 우람한 씨름 선수들과 귀여운 유치원 원생들이 줄다리기 시합을 하였다. 물론 씨름 선수들과 원생들의 힘이 엇비슷하도록 인원을 맞추었다. 씨름 선수 다섯 명에 원생 수십 명이 달라붙었던 것으로 기억된다. 그런데 두 팀 사이에는 커튼이 드리워져 있었다. 거구의 씨름 선수를 보게 되면 원생들이 위축될지도 모르기 때문이었다. 시합은 숨막히는 접전 끝에 유치원 원생들의 승리로 끝났다.

싸움에서 이기려면 먼저 기선을 제압해야 한다. 두 눈을 부라리고 인상을 쓰면서 상대를 겁주는 데 성공하면 반쯤은 이긴 것이다. 하물며 머리에서 뱀들이 꿈틀대는 괴물을 보고 얼지 않을 사람이 있을까? 천하의 영웅 페르세우스라도 메두사의 모습을 직접 보았다면 틀림없이 오금을 펴지 못하였을 것이다. 몸이 꼼짝 않는다는 것은 바로 돌이 되었다는 뜻이다. 그 다음에는, 메두사에게 당하는 일만 남는다.

무서운 것을 보면 저절로 눈이 감긴다. 보지 않으면 공포심이 줄어들기 때문이다. 페르세우스에게 병코돌고래 같은 능력이 있었다면, 눈을 감고도 에코로케이션으로 메두사의 위치를 파악할 수 있었을 것이다. 하지만 페르세우스가 두 눈을 감는다면 그야말로 봉사놀이의 술래가 아니고 무엇이겠는가? 페르세우스는 눈을 감는 대신 방패에 비친 메두사의 영상을 보는 쪽을 택하였다. 영상은 실물보다 공포심을 줄여 준다. 아무리 잘 닦인 청동 방패라고 하더라도 메두사의 얼굴을 실물처럼 비추지는 못할 것이기 때문이다. 결국 페르세우스는 마음을 진정시키고 메두사의 목을 벨 수가 있었다. 커튼을 친 줄다리기 시합에서 거구의 씨름 선수들을 이긴 유치

메두사의 머리

메두사의 머리는 잘린 채로도 똑 같은 위력을 발휘하였다. 세상을 어깨에 지고 있던 아틀라스도 페르세우스가 메두사의 머리를 보여 주자 돌로 변하였다. 페르세우스는 메두사의 머리를 아테나에게 바쳤으며, 아테나는 메두사의 머리를 자신의 무적 방패 아이기스(Aegis)의 한가운데에 붙였다. 이 아이기스는 헤파이스토스가 만든 제우스의 방패로 등장하기도 한다. 아이기스를 영어로는 '이지스(Aegis)'라고 읽는데, 미국 해군의 무적 전함 '이지스 함'은 바로 이 방패의 이름을 이어받은 것이다.

〈안드로메다를 구하는 페르세우스〉 램버트 프레데릭 서스트리스(Rambert Frederic Sustris) 작품. 페르세우스가 들고 있는 방패가 바로 아테나 여신에게서 빌린 아이기스이다. 중앙에 메두사의 머리가 붙어 있다.

원 원생들처럼 말이다.

페르세우스의 방패거울은 그저 표면이 잘 닦인 금속에 불과하다. 하지만 거울은 빛을 다루는 도구이다. 빛이 무엇인가? 빛은 우리에게 가장 많은 정보를 전달해 주는 매체이다. 그렇다면 사람이 거울로 다른 물체를 보게 되었다는 것은 무엇을 뜻하는가? 바로 자연을 이해할 수 있는 막강한 방법을 터득하게 되었음을 뜻한다. 거울 또는 거울의 사촌격인 렌즈가 있으면 빛을 모으고 퍼뜨릴 수가 있다. 현미경은 생물의 기본 단위인 세포를 보여 주며, 천체 망원경은 우주의 끝을 보여 준다. 다시 말해 거울은 사람이 빛을 자유자재로 다룰 수 있게 해 주는 '마법의 도구'인 셈이다. 이제 페르세우스의 방패거울을 시작으로 인류는 세상을 보는 새로운 '눈'을 갖게 되었다.

물거울과 청동거울 그리고 유리거울

나르키소스의 물거울과 페르세우스의 방패거울, 즉 청동거울에 이어 등장한 거울이 바로 지금 우리가 쓰고 있는 유리거울이다. 유리는 인류가 탄생하기 이전부터 자연계에 존재해 왔다. 화산 활동으로 만들어진 흑요석이 바로 그것이다. 까만 유리 덩어리처럼 보이는 흑요석은 깨진 면이 날카롭기 때문에 석기 시대부터 칼이나 화살촉으로 많이 쓰였다. 기원전 약 3000년에는 메소포타미아 사람들이 유리를 만들기 시작하였다. 하지만 유리의 발명에 관한 최초의 기록은 고대 로마의 역사가 플리니우스(Gaius Plinius Secundus ; 23년~79년)의 저서 「박물지(Historia Naturalis)」에 나타난다.

"소다석(natron)을 운반하던 페니키아의 상선이 시리아의 해변에 정박하게 되었다. 그들은 해변에서 불을 피우려고 하였으나 주변에는 화덕을 만들 돌이 없었다. 그래서 배에서 소다석을 가져와 화덕을 만들었다. 불이 뜨겁게 타오르고 있을 때였다. 해변의 모래와 소다석이 함께 녹으면서 투명한 물체가 만들어지는 것이 아닌가?"

그 투명한 액체가 바로 유리였다. 로마 시대 최고 과학 백과 사전의 기록이라고는 하지만 어쩐지 전설에 가깝다는 생각이 든다. 하지만 제조 방법에 관해서는 꽤 과학적이다. 유리는 모래에 많이 포함되어 있는 규사를 녹여 만든다. 그런데 문제는 온도이다. 규사라면 돌이나 마찬가지인데 웬만큼 불을 때서는 녹일 수가 없다. 이런 문제를 해결하기 위해 현대의 유리 제조 공장에서는 규사에 소다회를 섞는다. 소다회는 규소의 녹는점을 낮춰 주는 역할을 하기 때문이다. 소다회의 주성분은 탄산나트륨(Na_2CO_3)인데, 페니키아 상선에 실려 있던 소다석의 주성분도 탄산나트륨이니, 소다석으로 만든 화덕에서 유리가 만들어진 것은 당연한 일이다.

청동이나 은 같은 금속으로 만든 거울은 표면이 쉽게 녹슬거나 손상된다. 무엇인가를 표면에 덧씌우면 녹과 상처를 막을 수 있을 텐데 …. 이 문제를 해결해 준 것이 바로 유리이다. 유리는 녹이 슬지 않으면서도 투명하다. 다시 말해 금속거울과 유리는 천생 연분인 것이다. 그 결과 얇은 은박이나 금박과 평평한 유리를 덧붙인 유리거울이 만들어졌다. 이 같은 유리거울은 로마 시대의 유물 중에서도 발견된다. 하지만 중세까지만 해도 유리거울은 아무나 가질 수 없는 값비싼 물건이었다. 16세기에 들어 베니스 사람들은 귀금속 대신 주석과 수은의 합금을 판유리의 뒷면에 덧붙여 값싼 유리거울을 만들었는데, 일반인들이 유리거울을 사용하게 된 것은 이 때부터였다.

수은은 유리거울의 대중화에 크게 이바지하였지만 독성이 강한 공해 물질이다. 그 당시 유리 공장의 노동자들 중에는 수은 중독으로 죽는 사람이 적지 않았다고 한다. 유리거울 공장의 노동자들을 수은 중독으로부터 해방시켜 준 사람은 독일의 화학자 리비히(Justus Freiherr von Liebig ; 1803년~1873년). 그는 1835년에 '은거울 반응'이라는 유명한 화학 반응을 발견하였다. 이 방법을 이용하여 판유리의 뒷면에 은을 도금한 것이 바로 현대식 유리거울이다. 요즘에는 판유리의 뒷면에 증기 상태의 알루미늄이나 은을 증착시켜 만들기도 한다.

이처럼 인류는 물거울과 청동거울을 거쳐 유리거울을 갖게 되었다. 유리거울은 물거울이나 청동거울에 비해 훨씬 뚜렷한 영상을 보여 주며 어디든 가지고 다닐 수가 있다. 아마도 페르세우스가 유리거울을 통해 메두사를 보았다면 그 모습이 너무 생생해 공포에 질렸을 것이다. 나르키소스가 휴대용 유리거울을 갖고 있었다면 거울 속의 자신과 어디든지 함께 갈 수 있었을 것이다. 그런 유리거울의 중요한 특징 중 하나는 모양을 마음대로 만들 수 있다는 것이다. 그리고 이것은 인류가 빛을 마음대로 조절할 수 있게 되었음을 뜻한다.

오목거울과 볼록거울

거울은 모양에 따라 평면거울과 볼록거울 그리고 오목거울로 나뉜다. 평면거울은 집안에서 많이 쓰는 보통의 거울이다. 평면거울에는 물체와 같은 크기와 모양의 영상이 비친다. 자동차의 사이드미러는 보통 볼록거울이다. 볼록거울은 빛을 퍼지게 하기 때문에 물체가 실물보다 작게 보이는 대신 시야가 넓다. 교통 사고를 막기 위해 굽은 도로의 귀퉁이에 설치한 반사경도 볼록거울이다. 오목거울은 숟가락의 안쪽처럼 거울면이 움푹 들어간 거울이다. 오목거울은 물체가 거울의 초점 안쪽에 있는가 바깥쪽에 있는가에 따라 차이가 난다. 초점 안쪽에 있는 경우에는 영상이 실물보다 확대되어 보이며, 항상 똑바로 서 있다. 반면 초점 바깥쪽에 있는 경우에는 거울과의 거리에 따라 영상이 확대되거나 축소되어 보이며, 항상 거꾸로 보인다. 아래 그림의 오목거울은 물체가 거울의 초점 바깥에 있는 경우이다. 이 밖에도 여러 가지 거울이 있지만, 자연의 신비를 밝히는 데 가장 큰 기여를 한 거울은 오목거울일 것이다. 오목거울은 빛을 모을 수 있기 때문이다.

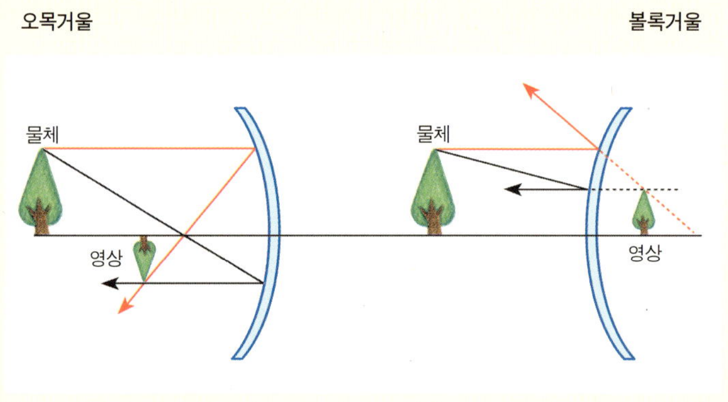

자, 이제 어두운 밤이다. 잠시 밖에 나가 북쪽 밤 하늘에서 반짝이는 별들을 보자. 칼리스토의 큰곰자리(북두칠성)와 그녀의 아들 아르카스의 작은곰자리 그리고 에티오피아의 흑인 왕비 카시오페이아의 별자리들이 빛나고 있다. 겨울철에만 볼 수 있지만 포세이돈의 아들 오리온의 별자리는 또 얼마나 화려한가! 눈이 시리도록 밝은 별 그리고 금세 사라질 듯 희미한 별. 밝고 어두운 별들은 마치 흥겨운 리듬처럼 밤 하늘에 생기를 불어넣는다. 앗, 모처럼의 분위기를 깨고 갑자기 떠오르는 호기심 하나. 왜 어떤 별은 밝고 어떤 별은 어두운 거야?

밝다는 것은 우리 눈에 많은 빛이 들어온다는 뜻이고, 어둡다는 것은 그 반대이다. 그러니 원래 빛을 많이 내는 별은 보기에도 밝고 적게 내는 별은 어둡다. 하지만 우리 눈에 들어오는 빛의 양은 우리와 별 사이의 거리가 얼마냐에 따라 달라지기도 한다. 연못에 돌을 떨어뜨리면 둥근 물결이 사방으로 퍼져 나가는 것을 볼 수 있는데, 별빛도 이와 같이 퍼져 나간다. 다만 별빛은 3차원 공간에서 부풀어 나는 공의 표면과 비슷하다. 별빛이 퍼져 나간다는 것은 멀리 갈수록 그 빛이 점점 약해진다는 뜻이다.

저 깊은 우주 공간 속의 작은 별 하나를 생각해 보자. 세상에는 그 별을 아는 사람이 하나도 없다. 그 별은 너무 어두워 누구의 눈에도 보이지 않기 때문이다. 하지만 그 별은 나르키소스를 흠모하는 에코처럼 우리를 그리워하고 있다. 우리가 자신을 한 번만이라도 보아 주기를 바라고 있는 것이다. 여러분이라면 그 별을 그냥

거리에 따른 별의 밝기

실제로 별빛의 양은 별까지의 거리의 제곱에 반비례한다. 어떤 별에서 우리 눈에 100이라는 양의 빛이 들어온다고 가정해 보자. 그런데 이 별이 두 배 멀어진다면 우리 눈에 들어오는 별빛의 양은 4분의1로 줄어들어 25가 된다. 세 배 멀어진다면 9분의1로 줄어들어 약 11이 된다. 이 별이 점점 더 멀어진다면? 우리 눈에 들어오는 별빛의 양도 급격히 줄어들면서 결국에는 보이지 않게 된다. 별과 별 사이의 어두운 공간. 그 사이에도 별들은 가득 차 있다. 하지만 그 별이 너무 멀리 있기 때문에, 즉 그 별에서 오는 빛의 양이 너무 적기 때문에 우리가 느끼지 못할 뿐이다.

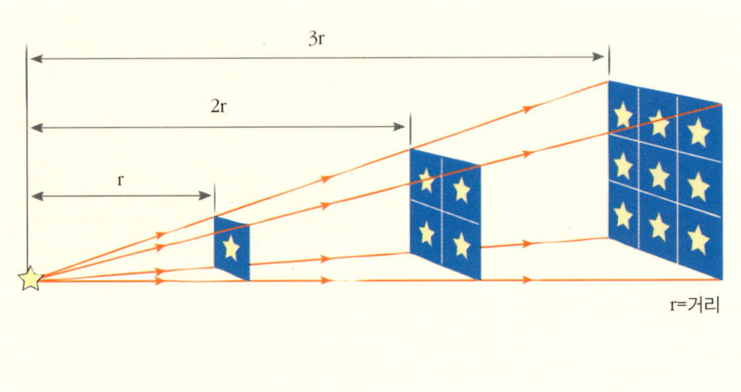

놓아둘 것인가! 작은 별의 애타는 사연에 잠시 귀 기울여 보자. 그리고 가능하다면 그 바람을 이루어 주자.

우리 눈은 보통 눈동자라고 불리는 동공을 통해 별빛을 받아들인다. 동공은 지름이 4밀리미터쯤 되는 작은 구멍이다. 작은 별에서 나온 별빛이 먼 우주 공간을 지나 우리에게 다가온다. 별에서 떠날 때보다 엄청나게 약해진 그 별빛은 힘없이 우리 얼굴에 부딪친다. 이마에 뺨에 그리고 눈가에 부딪치는 별빛은 고생한 보람도 없이 그냥 흩어진다. 다만 좁은 동공에 들어오는 빛만이 그 별의 존재를 알릴 수 있는 기회를 가질 뿐이다. 하지만 그 빛이 너무 약해 우리 눈이 느낄 수 없다면 …. 우리 눈은 그 별을 향하고 있지만, 우리는 그 별을 보지 못한다! 몹시 안타까운 일이다. 우리 눈(동공)이 좀더 커서 눈가에 부딪친 별빛도 받아들일 수 있다면, 그 별을 느낄 수 있을 텐데 ….

놀랍게도 페르세우스의 방패거울만 있으면 이 안타까운 문제를 해결할 수가 있다. 다만 별빛을 모으기 위해 방패거울을 조금 변형시켜야 한다. 평평한 거울은 별빛을 그냥 반사하기 때문이다. 먼저 망치로 방패거울의 표면을 두들겨 오목하게 만든다. 물론 별빛이 잘 반사하도록 오목한 면을 매끈하게 닦아야 한다. 계산하기 쉽도록 방패거울이 지름 4센티미터(미니 방패?)의 둥근 모양이며, 동공의 지름은 4밀리미터라고 생각해 보자. 그리고 우리가 느낄 수 있는 최소한의 빛의 양을 10이라고 가정해 보자.

앞에서 말한 그 작은 별에서 나온 별빛이 우리 눈에 들어왔다. 그런데 별빛의 양이 1밖에 안 되었다. 이 때 우리 눈은 그 별빛을 감지하지 못한다. 우리 눈은 10보다 많은 양의 빛만을 느낄 수 있기 때문이다. 그런데 방패거울에 부딪치는 별빛의 양은 100이다. 방패거울의 면적이 동공의 면적보다 100배 넓기 때문이다. 방패거울은 오목거울이기 때문에 부딪친 별빛은 어느 한 점에 초점을 맺는다. 우리 눈을 이 초점에 놓으면 어떻게 될까? 우리 눈에는 무려 100이라는 양의 별빛이 들어 온다. 그 작은 별이 보이는 것이다!

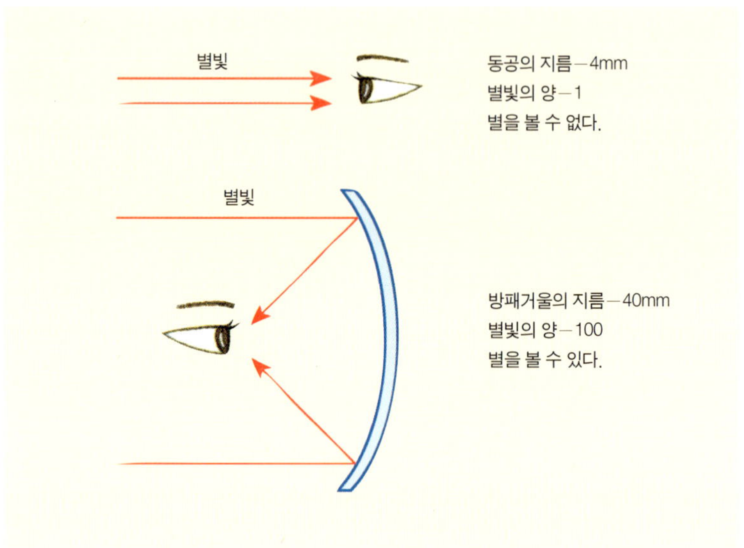

이제 그 작은 별의 꿈은 이루어졌다. 물론 그렇게 하기 위해 우리가 직접 페르세우스의 청동 방패를 망치로 두들길 필요는 없다. 우리는 이미 오목거울을 가지고 있기 때문이다. 하지만 이것만은 알아두자. 페르세우스 자신은 몰랐지만, 작은 별의 소원을 들어준 오목거울의 능력은 결국 그의 청동 방패로부터 시작되었다는 것을!

세계에서 가장 큰 거울들

망원경은 무엇에 쓰는 물건인가? 여러분도 하나쯤 가지고 있을 법한 쌍안경은 지상의 경치를 보는 지상 망원경이다. 지상 망원경의 목적은 멀리 있는 물체를 가깝게 보는 것이다. 물체는 맨눈으로 볼 때보다 당연히 크게 보인다. 천체 망원경은? 물론 천체 망원경으로 달을 보면 맨눈으로 보았을 때보다 훨씬 크게 보인다. 목성이나 토성 같은 행성을 볼 때도 마찬가지이다. 이는 이들 천체들이 크기를 느낄 수 있을 만큼의 가까운 거리에 있기 때문이다.

아주 멀리 있는 별의 경우에는 다르다. 그런 별은 아무리 성능 좋은 망원경으로 보아도 가깝게 보이거나 크게 보이지 않는다. 즉, 맨눈으로 보거나 망원경으로 보거나 그냥 하나의 점일 뿐이다. 그렇다면 무엇 때문에 망원경으로 별을 보는 것일까? 앞에서 살펴 보았듯이 별빛을 많이 모으기 위해서다. 그렇게 하면 맨눈으로는 보이지 않는 어두운 별도 볼 수 있다. 천문학자들은 천체 망원경으로 별빛을 모으고, 그 별빛을 분석함으로써 별과 우주의 신비를 알아낸다.

천체 망원경은 크게 두 가지로 나뉜다. 굴절식과 반사식이다. 굴절 망원경은 볼록렌즈를 이용하여 만든다. 볼록렌즈는 빛의 경로를 꺾어 초점을 맺는다. 반사 망원경은 오목거울을 이용하여 만드는데, 오목거울은 빛을 반사하여 초점을 맺는다. 1610년 목성의 위성을 발견한 갈릴레이의 망원경이 바로 굴절 망원경이었다. 반사 망원경은 1668년 뉴턴이 처음으로 만들었다.

천체 망원경의 성능은 우선 구경(렌즈나 거울의 지름)에 따라 좌우된다. 창문이 클수록 방이 더 환해지는 것과 같은 이치이다. 즉, 구경이 커야 별빛을 많이 모을 수 있다. 먼 곳의 별, 희미한 별을 보기 위해서는 구경이 커야 한다는 것이다. 구경이 같다면 망원경으로서의 성능은 굴절식이 훨씬 좋다.

갈릴레이식 굴절 망원경과 뉴턴식 반사 망원경

갈릴레이식과 뉴턴식의 가장 큰 차이는 빛을 모으는 광학계가 다르다는
것이다. 갈릴레이식에서는 볼록렌즈 그리고 뉴턴식에서는 오목거울을
통해 빛을 모은다.

갈릴레이식 굴절 망원경의 원리

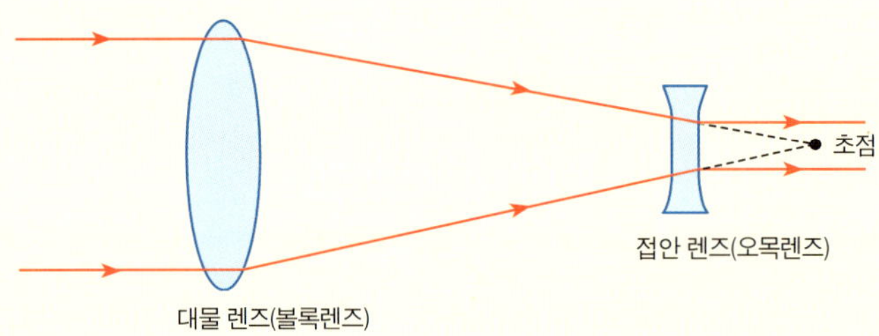

뉴턴식 반사 망원경의 원리

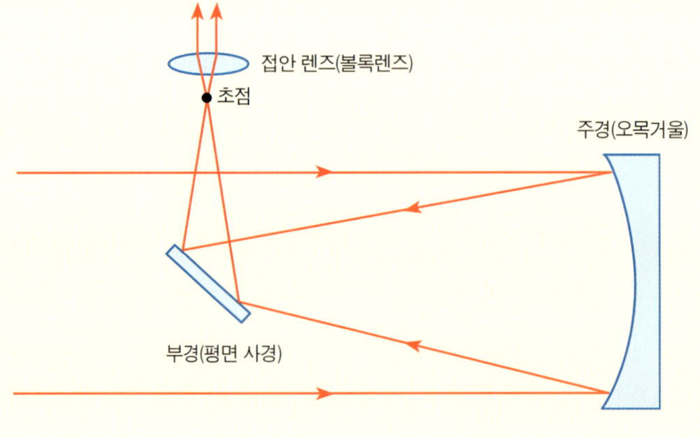

그렇다면 반사 망원경은 왜 만드는 것일까? 이유는 간단하다. 렌즈보다는 거울을 만들기가 쉽기 때문이다. 세계에서 가장 큰 굴절 망원경은 미국 여키스 천문대에 있는데, 구경이 약 1미터(40인치)이다. 하지만 반사 망원경 중에는 구경이 5미터가 넘는 것들이 수두룩하다.

세계에서 가장 높은 빌딩은 미국의 엠파이어 스테이트 빌딩(높이 381미터), 세계에서 가장 큰 망원경은 미국 팔로마산 천문대의 헤일 천체 망원경(구경 5미터). 이런 시절이 있었다. 하지만 현재 가장 높은 빌딩은 말레이시아의 페트로나스 트윈타워 빌딩으로 높이가 452미터나 된다. 가장 큰 천체 망원경은 하와이 마우나케아 산에 있는 켁 천체 망원경으로, 구경이 10미터나 된다. 똑 같은 두 대의 천체 망원경으로 이루어져 있는 이 쌍둥이 천체 망원경은 각각 지름 1.8미터짜리 육각형 거울 36장을 붙여 만들어졌다. 엄밀히 말하면 한 장의 거울은 아닌 셈이다.

한 장의 거울로 만들어진 천체 망원경 중에서 가장 큰 것은 마우나케아 산의 스바루 천체 망원경이다. 일본 국립 천문대에서 운영하고 있는 이 천체 망원경의 구경은 8.4미터나 된다. 칠레의 세로 파라날에 있는 VLT(Very Large Telescope)는 구경이 8.3미터이다. 유럽 남천 천문대가 운영하고 있는 이 천체 망원경은 모두 네 대의 똑 같은 망원경으로 이루어져 있다. 단일 망원경으로서는 스바루에 약간 뒤지지만 네 대의 합성 유효 구경은 16.4미터나 된다고 하니, 이런 방식으로는 세계 최고인 셈이다.

이처럼 큰 천체 망원경이라면 별을 얼마나 잘 볼 수 있는 것일까? 단순하게 면적 비교만 해도 구경 8미터의 천체 망원경은 우리

지름이 8.2미터나 되는 VLT의 반사거울. 사람의 크기와 비교해 보라!

눈의 4,000,000배의 빛을 더 받아 들인다. 이것은 별의 등급으로 16.5등급 차이에 해당한다. 맨눈으로 6등급까지의 별을 볼 수 있으니, 이 천체 망원경으로는 22.5등급의 별까지 볼 수 있는 셈이다!

계산 한번 해 보자. (골치 아픈 사람은 건너 뛰어도 됩니다.)

S = 반사거울의 면적 = $\pi \times$ (반지름)^2 = $\pi \times (4{,}000\text{mm})^2$ = $16{,}000{,}000\pi \ \text{mm}^2$

s = 동공의 면적 = $\pi \times$ (반지름)^2 = $\pi \times (2\text{mm})^2$ = $4\pi \ \text{mm}^2$

반사거울에 들어 오는 빛의 양 ÷ 동공에 들어 오는 빛의 양 = S/s = $4{,}000{,}000$

그러므로 반사거울은 동공보다 4,000,000배의 빛을 더 받아 들인다.

M = 망원경으로 볼 수 있는 등급, m = 눈으로 볼 수 있는 등급 = 6

1등급에 대한 밝기(빛의 양)의 차이가 2.512이므로 → $2.512^{(M-m)} = 4{,}000{,}000$

$M - m = \log(4{,}000{,}000) \div \log(2.512) = 6.6 \div 0.4 \approx 16.5$

그러므로 $M \approx 22.5$

미국과 유럽의 천문학자들은 8미터급 천체 망원경의 성공을 바탕으로 30미터 이상의 구경을 가진 천체 망원경을 준비하고 있다. 특히 주목을 끄는 것은 핀란드, 아일랜드, 스페인, 스웨덴 그리고 영국의 천문학자들이 함께 추진하고 있는 유로50(Euro 50)이라는 구경 50미터짜리 천체 망원경이다. 예정대로라면 이 천체 망원경은 2010년 이전에는 건설이 완료되어 관측을 시작하게 될 것으로 보인다.

되살아난 나르키소스의 물거울

세상 참 오래 살고 볼 일이다. 수천 년 전, 신화 속의 청동 방패가 지름 8미터의 반사거울로 발전하여 우주 끝에 있는 천체를 관측하는 세상이 되었으니 말이다. 하지만 과학의 놀라움은 여기서 끝나지 않는다. 이제 나르키소스의 물거울도 천체 망원경으로 탈바꿈하는 시대가 되었기 때문이다. 아니, 한 곳에서 같은 경치만 비출 수 있는 물거울이 어떻게 천체 망원경이 된단 말인가? 페르세우스의 청동 방패는 망치로 두들겨 오목거울이라도 만들 수 있었지만, 물거울은 무엇으로 두들긴단 말인가? 두드려라, 그러면 열릴 것이다. 아니, 여기서는 돌려야 한다. 그러면 물거울도 오목거울이 될 수 있다.

잠시 머리 속으로 가상 실험을 해보자. 물론 직접 해 볼 수 있다면 더욱 좋다. 먼저 그릇에 물을 반쯤 담아 보자. 이 때 그릇 속의 수면은 당연히 수평을 이룬다. 그러면 이 그릇을 일정한 속도로 회전시키면서 수면의 모양이 어떻게 변하는지 살펴 보자.

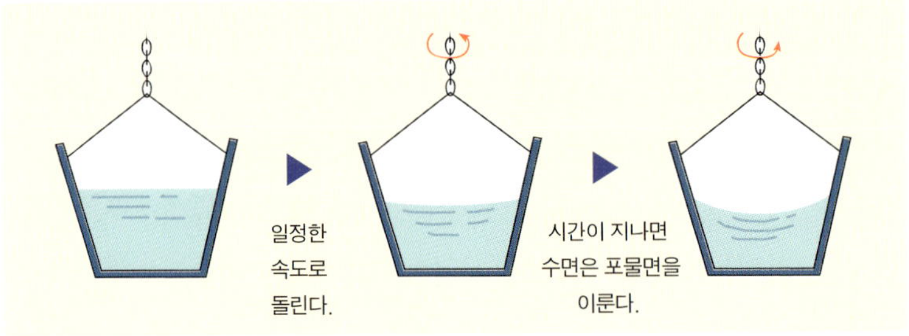

물거울 실험

그릇이 돌면서 물거울의 중심 부분은 서서히 내려가고 가장자리
는 올라간다. 물거울이 오목거울을 이룬 것이다! 시간이 어느 정도
지나면 물거울은 오목거울의 모양을 그대로 유지하면서 변하지 않
는다. 오목한 정도는 회전 속도에 따라 달라진다.

이 때 생긴 오목한 곡면을 포물면이라고 한다. 앞에서 설명한 반
사 망원경의 곡면도 마찬가지로 포물면이다. 그렇다면 액체의 포
물면으로도 반사 망원경을 만들 수 있지 않을까? 회전하는 액체의
포물면, 즉 액체 오목거울을 이용한 천체 망원경은 뉴턴이 맨 처음
생각해 내었다. 반사 망원경을 만든 바로 그 뉴턴이다. 단, 여기서
액체는 수은을 말한다. 왜냐 하면 물은 빛을 반사하기도 하지만 흡
수도 많이 한다. 수은은 액체이지만 금속이다. 그래서 대부분의 빛
을 반사한다.

1872년, 뉴질랜드의 천문학자 스키(Henry Skey ; 1836년~1914
년)는 구경 35센티미터의 액체 망원경을 만들고, 회전 속도와 초점
거리 등에 관한 연구를 하여 논문으로 발표하였다. 1909년에는 미
국의 물리학자 우드(Robert Wood ; 1868년~1955년)가 구경 51센

티미터의 액체 망원경으로 천체를 관측한 결과를 논문으로 발표하였다. 그 망원경의 분해능은 2.3초나 되었다. 사람 눈의 분해능은 약 48초, 구경 3센티미터의 쌍안경의 분해능은 약 4초이다〔분해능은 인접해 있는 두 물체를 구분해 볼 수 있는 최소 각거리이다. 망원경의 구경이 클수록, 물체에서 방출되는 빛의 파장이 짧을수록 분해능이 좋다(분해능 값이 작다).〕. 나름대로 성공을 하였지만 우드는 액체 망원경 연구를 포기하였다. 지면에 수직인 축의 방향으로만 관측할 수 있다는 액체 망원경의 약점 때문이었다. 즉, 액체 망원경은 기울일 수가 없다.

액체 망원경의 개발에 다시 불을 당긴 사람은 캐나다 라발대학의 천문학자 보라(Ermanno Bora)이다. 그는 1982년의 논문에서 액체 망원경의 기능을 높일 수 있는 여러 가지 기술들을 발표하였다. 그리고 몇 년의 노력 끝에 구경 1.5미터짜리 액체 망원경을 만들었다. 그 후 보라는 캐나다 UBC(브리티시 컬럼비아대학)의 힉슨(Paul Hickson)과 협력하여 여러 대의 액체 망원경을 설계하고 만들었다.

액체 망원경 중에서 규모가 가장 큰 것은 캐나다 UBC의 LZT(Large Zenith Telescope)이다. 이 때 '제니스(Zenith)'란 지표에서 올린 수직선이 천구와 만나는 점을 말한다. 쉽게 말해 머리 위쪽이다. 그러니 LZT는 '대형 천정 망원경'이라고 생각하면 된다. 액체 망원경은 천정 근처의 천체만을 관측할 수 있으니 이런 이름이 붙은 것이다. 구경 6미터의 이 대형 액체 망원경은 지금 건설이 완공되어 2003년 2월 중 첫 시험 관측이 이루어질 예정이며, 3월부터는 본격적인 관측이 시작된다고 한다. 어쩌면 여러분이 이 글을 읽는 동안 LZT는 수십억 광년의 먼 우주에서 오는 희미한 별빛을 관측하고 있을지도 모르겠다.

앞에서도 언급하였듯이 액체 망원경의 단점은 LZT가 위치한 곳의 천정 근처만을 관측할 수 있다는 것이다. LZT의 방향은 고정되어 있지만 지구의 자전 때문에 천정의 천체는 계속 바뀐다. 그래서 LZT는 여러 천체를 관측할 수가 있다. 하지만 망원경을 기울일 수 없기 때문에 관측할 수 없는 천체가 훨씬 더 많다. 그런데도 액체 망원경을 만드는 이유는 무엇인가?

액체 망원경의 구조는 일반 반사 망원경에 비해 훨씬 간단하다. 그래서 제조 비용이 저렴하다. 반사면을 매끄럽게 할 수 있으며, 수은이 빛을 잘 반사하기 때문에 효율이 좋다. 또 회전 속도를 조절하면 초점 거리도 바꿀 수가 있다. 더 나아가 우주 공간에 설치하면 관측 방향을 마음대로 바꿀 수도 있다! 우주 공간에서는 상하좌우 방향이 없기 때문에 액체 망원경을 기울여도 수은이 흘러 내리지 않기 때문이다.

한적한 숲 속에서 잔주름 하나 없는 샘물을 들여다보는 나르키소스. 낮에는 주변의 나무와 푸른 하늘의 구름이 비치고, 밤에는 칠흑의 어둠 속에서 빛나는 별들이 비친다. 가끔 별똥별의 기다란 빛줄기가 비칠 때도 있었을 것이다. 하지만 나르키소스는 자신의 영상을 바라보며 헛된 사랑에 빠져 있다. 나르키소스여, 어째서 그대는 타인을 사랑할 줄 모르는가! 우리는 나 아닌 다른 사람을 사랑하게 됨으로써 숲과 하늘과 바람 그리고 별을 느낄 수 있게 된다. 페르세우스를 보라! 그는 도탄에 빠진 백성을 구하기 위해 방패거울을 이용하여 메두사를 물리치지 않았는가. 또 바다 괴물을 물리치고 안드로메다의 사랑을 구하지 않았는가. 그리고 그의 후예들은 지금 초대형 거울을 만들어 별의 사랑을 구하고, 우주의 신비를 탐구하고 있다.

7장

에게 해를 날아오르다!

— 발명왕 다이달로스의 영광과 슬픔

"내 아들 이카로스야. 고도를 잘 유지해라. 너무 낮게 날면 날개가 습기에 젖을 테고, 너무 높이 날면 열기에 녹아 떨어지게 된다. 내 곁에만 있으면 안전할 것이다."

— 토마스 벌핀치 「신화의 시대」

〈태양에 다가가지 말라고 이카로스에게 주의시키는 다이달로스〉
카를로 사라체니(Carlo Saraceni) 작품

미국 캘리포니아 해안에는 천여 마리의 해달이 살고 있다. '누워서 떡 먹기'란 속담처럼 이 해달은 바다에 누워서 식사를 한다. 그런데 이 해달의 가슴에는 넙적한 돌이 하나 올려져 있다. 무엇에 쓰이는 물건일까? 바로 조개를 깨 먹을 때 쓰는 도구이다. 이 해달은 바닷속에서 잡은 조개를 앞발로 쥐고 가슴 위의 돌에다 탁탁 친다. 그리하여 단단한 조개껍데기를 깨고 부드러운 조갯살을 발라먹는 것이다. 작은 나뭇가지로 나무 구멍 속의 벌레를 뽑아먹는 갈라파고스의 다윈핀치, 타조의 알을 돌로 깨 먹는 이집트 민목독수리, 단단한 열매를 돌로 깨 먹는 침팬지. 모두 도구를 사용할 줄 아는 동물들이다. 하지만 이들이 쓰는 도구는 한두 가지에 불과하며, 스스로 제작한 것은 더더욱 아니다. 지구에서 유일하게 도구를 제작하고 쓰는 동물, 그것은 바로 우리 인간이다.

팽팽 도는 라비린토스

다이달로스는 아테네 최고의 발명가였다. 그는 조카인 페르디코스를 제자로 두고 있었는데, 이 페르디코스 또한 스승에 버금가는 발명가였다. 페르디코스는 원을 그릴 때 쓰는 컴퍼스를 발명하였다. 바닷가를 거닐다 물고기의 가시를 보고는 톱을 만들기도 하였다. 최고 발명가에게는 최고의 질투심도 있었나 보다. 조카의 뛰어난 능력을 못마땅하게 여긴 다이달로스는 어느 날 높은 탑 위에서 페르디코스를 밀어 떨어뜨렸다. 그 때 페르디코스의 재능을 아낀 아테나가 그를 새로 변하게 하여 죽음을 모면하였다.

다이달로스는 조카를 탑 위에서 밀어 떨어뜨리고도 사람들에게는 페르디코스가 발을 헛디뎌 떨어진 것이라 말하고 다녔다. 그러나 이 사건과 관련된 재판에서 그는 유죄 판결을 받았고 때문에 몰래 미노스 왕이 다스리는 크레타 섬으로 망명하게 된다. 미노스에게는 미노타우로스라는 아들이 하나 있었는데, 몸은 사람이었지만 황소의 머리를 하고 있었다. 괴물 아들 때문에 고민하던 미노스 왕은 미노타우로스를 비밀의 방에 가두기로 결심하였다. 그래서 다이달로스에게 명하였다.

"아무도 빠져 나올 수 없는 미로의 궁전, 즉 미궁을 만들어라! 만일 이 미궁을 빠져 나오는 사람이 있다면 너와 네 아들을 미궁 속에 가둘 것이다."

이렇게 해서 다이달로스는 복잡하게 꼬부라지는 복도에 연하여 수백 개의 크고 작은 방이 딸려 있는 미궁을 만들었으니, 이것이 한번 들어가면 사람은 물론 신마저도 빠져 나올 수 없다는 미궁, 즉 라비린토스(Labyrinthos)이다.

그런데 이 미궁은 정말 아무도 빠져 나올 수 없는 것이었을까? 아니었다. 그 미궁을 빠져 나온 사람이 딱 한 명 있었으니, 바로 당대 최고의 영웅 테세우스였다. 테세우스는 미궁에 들어가 미노타우로스를 처치하기로 하였다. 그런데 테세우스를 사랑하게 된 미노스의 딸 아리아드네는 테세우스가 걱정되어 다이달로스에게 도움을 청하였다. 다이달로스는 방법을 가르쳐 주었으며, 아리아드네는 테세우스에게 실꾸리 하나를 주었다. 테세우스는 미궁의 입구에서 실을 풀어 가며 미노타우로스에게 접근하였다. 그리고 미노타우로스를 처치한 후 미리 풀어 놓았던 그 실을 따라 무사히 미궁을 빠져 나올 수 있었다.

〈**미궁으로 들어가는 테세우스**〉 구스타프 모로(Gustave Moreau) 작품. 오른쪽에 미궁 속에서 이들을
기다리고 있는 미노타우로스가 보인다.

테세우스는 아테네 왕의 아들이다. 그런 테세우스에게 미노스
왕의 아들 미노타우로스가 죽임을 당했다는 것은 무엇을 뜻하는
가? 크레타 섬의 미궁 신화는 크노소스 왕국이 그리스에 의해 정복
당한 사실을 상징적으로 말해 주고 있는 것이다. 그 신화가 사실인
지 아닌지는 확실하지 않지만, 어쨌든 기원전 1세기의 크레타 동전
중에는 뒷면에 크레타의 미로가 그려진 것이 발견되기도 한다.

요즘에는 미로가 하나의 문화적 소재이며 유희이기도 하다. 정
원을 미로의 숲으로 꾸미는가 하면, 놀이 시설로 만든 미로도 있
다. 또한 미로는 퍼즐의 중요한 소재로 인기를 끌기도 한다. 미지
의 세계에 대한 동경심과 두려움 그리고 귀소 본능을 자극하는 미

크레타의 미로

사건의 실마리를 찾지 못할 때, 흔히 '미로 또는 미궁에 빠졌다.'는 말을 한다.
영어로 미로를 뜻하는 래비린스(Labyrinth)는 바로 그레타 섬의 라비린토스에서
유래한 단어이다. 크레타는 그리스의 남쪽에 있는 커다란 섬으로 기원전 2000
년쯤 에게 문명이 꽃피던 곳이다. 미노스는 크레타 섬의 중심 세력이었던 크노
소스 왕국의 왕이었다(그리스 로마 신화에는 이처럼 역사적 인물이 등장하기도 한
다.). 기원전 15세기, 크노소스 왕국은 그리스의 침략으로 멸망하고, 에게 문명
의 중심지는 그리스 본토로 옮겨지게 된다.
로마 시대에 이르러 크레타의 미로는 모자이크의 소재로 자주 등장하게 된다.
그 후 이 미로는 유럽 전역에 전파되면서 소재와 기법이 다양하게 발전하였다.
크레타의 미로에서 유래했는지는 정확하지 않으나, 스칸디나비아 반도 발트 해
의 해변에는 돌로 만들어진 미로만 해도 600개가 넘는다고 한다. 그 지역의 어
부들은 자신들이 만든 이 미로를 드나들면서 풍어와 안전한 입항을 기원했다고
한다. 마치 미로 속의 미노타우로스를 처치하고 무사히 빠져 나온 테세우스처
럼 말이다.

미로가 그려져 있는 기원전 1세기의 크레타 동전

로의 매력 때문이 아닐까?

조르당이 해결한 라비린토스의 위상 기하학

「해리포터」의 마법 학교에는 사람들이 접근할 수 없는 여러 가지 미로가 있다. 하지만 크레타의 미로는 그다지 어렵게 보이지는 않는다. 움직이는 계단이나 주문을 걸어야 열리는 통로는 없기 때문이다. 크레타의 미로를 어렵게 만드는 것은 미노타우로스에 대한 공포심이다. 그 공포심만 떨치면 누구나 비밀의 방을 찾아내 괴물을 처치하고 돌아올 수 있는 것이다. 자, 이제부터 여러분은 간단한 미로의 기하학을 공부하게 된다. 기하학이라면 무조건 두렵다고? 그렇다면 실꾸리 하나를 준비하라! 미로의 기하학은 아리아드네의 실꾸리를 푸는 것 만큼이나 쉽다. 적어도 여기서는 그 정도로 쉬운 것만 다룰 테니까.

먼저 아래의 그림을 참고로 하여 크레타 동전의 미로를 그려 보자. 새로 그려지는 부분은 자주색, 이미 그려진 부분은 파란색으로

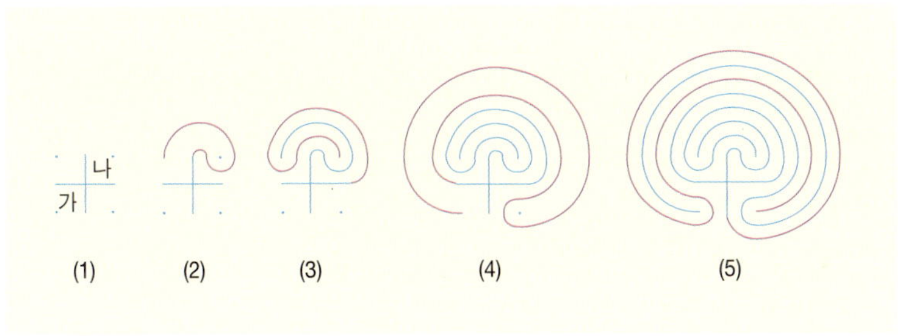

크레타의 미로

표시하였다. 원이든 사각형이든 모양은 중요하지 않다. 실제로 그 둘은 같은 미로이기 때문이다. (5)가 바로 크레타의 미로이다. 그런데 (1)에서 (5)까지 그림을 완성시켜 나가는 방법의 특징을 한번 살펴보자. 첫째, 미로는 십자 모양의 각 끝에서 나온 선을 연장하여 만들어졌다. 둘째, 연장선들은 서로 교차하지 않고 연결되지도 않는다. 이게 무슨 말인가? 아무것도 아니라는 말이다! (5)의 미로는 괜히 길게 돌리기만 했지 결국은 (1)의 모양과 똑같다.

여유가 있는 사람은 실로 (5)의 미로를 만든 다음 곧게 펴 보자. (이 때를 생각해서 실꾸리를 준비하라고 한 것이다.) 길이는 다르지만 (1)과 같은 십자 모양이 나온다. 결국 (5)의 미로의 입구에서 목적지까지 간다는 것은 (1)의 그림 '가'에서 '나'로 간다는 얘기와 마찬가지이다. 이 얼마나 쉬운 미로인가! 크레타의 미로에서는 입구로 들어선 다음 앞으로 계속 가기만 하면 비밀의 방에 도달하게 되는 것이다.

(1)에서 (5)까지의 도형은 모두 한 곳에서 교차하는 두 직선을 늘이거나 구부려 만든 것이다. 이 같은 도형은 길이나 모양은 달라도 '위상'이 같다고 한다. 페르세우스의 방패와 오목거울은 위상이 같다. 페르세우스의 방패를 두들겨 오목거울을 만들 수 있기 때문이다. 그러나 방패에 구멍을 뚫을 경우에는 위상이 달라진다. 구멍 뚫린 방패는 버스 토큰과 위상이 같다. 이러한 도형의 성질을 연구하는 학문이 바로 위상 수학 또는 위상 기하학이다. 위상 기하학을 이용하면 (5)와 같은 복잡한 도형을 (1)과 같이 간단한 도형으로 바꾸어 그 성질을 쉽게 파악할 수가 있다.

그럼 위상 기하학을 이용해 좀더 복잡한 미로 문제를 풀어보자.

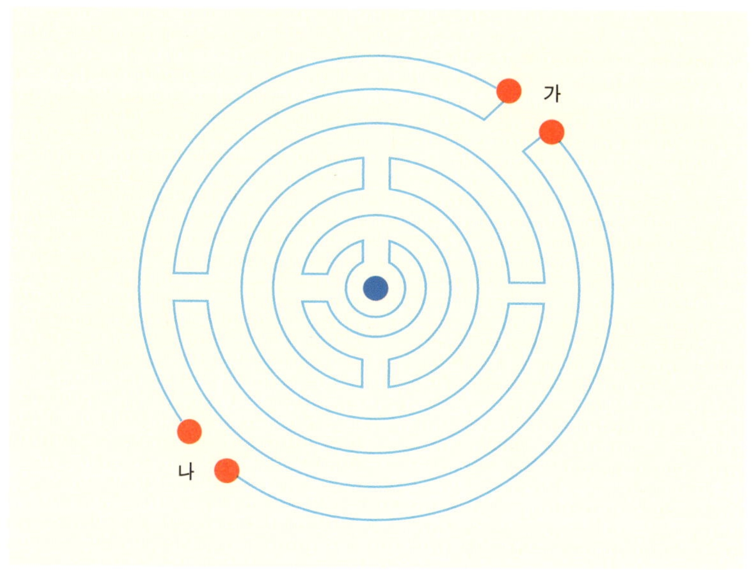

조르당의 미로

다이달로스는 비밀의 방을 아무나 찾을 수 있다는 사실에 기분이 언짢았다. 그래서 이번에는 입구가 두 개인 미로를 만들었다. 이제 비밀의 방을 찾을 확률이 반으로 줄었다. 테세우스는 우선 설계도를 검토하기로 하였다. 위의 설계도 대로라면 손으로 짚어 가며 금세 진짜 입구를 찾을 수 있을 것이다. 하지만 이 설계도는 여러분의 이해를 돕기 위해 8개의 원으로 간단히 만든 샘플이다. 실제의 설계도는 100개의 원을 가지고 만들었다고 한다. 아, 복잡해!

이 문제를 해결한 사람은 조르당(Marie Ennemond Camille Jordan ; 1838년~1922년)이라는 프랑스의 수학자이다. 그의 방법은 다음과 같다. '가'의 입구에서 목적지(파란 점)까지 직선을 긋고 미로의 벽과 교차하여 생기는 점의 개수를 센다. 모두 6개이다.

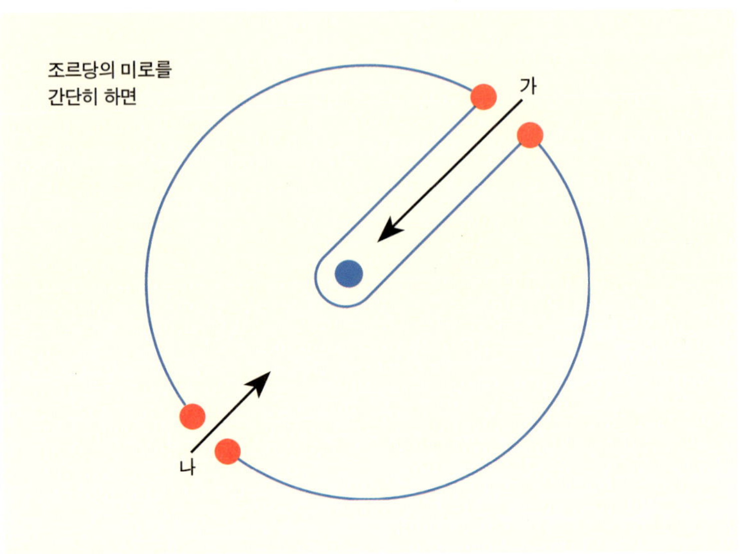

조르당의 미로 펼치기

'나'의 입구에서 생기는 점의 개수는 모두 7개이다. 이 때 점의 개수가 짝수인 입구가 진짜 입구이다.

어째서 이런 규칙이 생기는 것일까? 두 개의 입구와 목적지를 고정시키고 나머지 복잡한 선을 위의 그림처럼 간단히 정리해 보자.

아니, 이 복잡한 미로는 결국 안과 밖으로 이루어진 도형이 아닌가? 더구나 목적지는 이 도형의 안쪽에 있는 것이 아니라 바깥쪽에 있었다. 그러니 '가'의 입구로 들어가야 목적지에 도달할 수 있는 게 당연하다.

그렇다면 '조르당의 미로'에서 목적지까지 그은 직선과 벽과의 교차점은 무엇을 뜻하는가? 벽을 넘었다는 것, 즉 교차점 하나가 생겼다는 것은 이 도형의 안쪽(또는 바깥쪽)에서 바깥쪽(또는 안쪽)으로 나갔음을 뜻한다. 그러므로 교차점이 짝수라는 것은 목적지와 같은 쪽, 여기에서는 바깥쪽에 있다는 뜻이다. 그래서 조르당은 교차점이 홀수냐 짝수냐를 보고 목적지에 도달할 수 있는 진짜 입구를 구별할 수 있었던 것이다.

물론 모든 미로가 이처럼 간단하지는 않다. 조르당의 미로는 교차점이 없는 하나의 선으로 이루어진 간단한 미로일 뿐이다. 그런 면에서 보면 조르당의 미로는 선분('가'의 입구가 연결되어 있을 때에는 원)과 위상이 같다고 할 수 있다.

아쉽지만 미로에 관한 이야기는 이만 마쳐야겠다. 이 글의 목적은 크레타의 라비린토스를 소개하는 것이기 때문이다. 또한 다이달로스의 다음 이야기가 기다리고 있으니 말이다.

날개가 있다고 아무나 날 수 있나!

테세우스가 미궁을 빠져 나오자 큰일 난 것은 다이달로스였다. 미노스 왕이 누구든 미궁을 빠져 나오는 사람이 있다면 자신과 아들을 미궁에 가두겠다고 하지 않았는가? 결국 다이달로스는 아들 이카로스와 함께 자신이 만든 미궁의 탑 속에 갇히고 만다. 그러나 천하의 재주꾼인 다이달로스가 이 미궁에서 썩고만 있을 리 없었다. 탈출하기로 결심한 것이다. 그런데 육지와 바다는 미노스 왕이 철통같이 지키고 있었다. 그렇다면 길은 하늘뿐이었다. 그래서 다이달로스는 하늘을 나는 방법을 고안해 냈다.

다이달로스는 먼저 새의 깃털을 모았다. 작은 깃털을 합치고 거기에 점점 큰 것을 붙여 날개 표면을 넓혀 나갔다. 큰 깃털은 실로 잡아매고, 작은 깃털은 밀랍으로 붙였다. 그리고 전체를 새의 날개처럼 구부렸다. 완성된 날개를 달고 흔드니 몸이 공중에 떴다. 날개를 쳐서 균형을 잡고 공중에 머물 수도 있었다. 다이달로스는 아들에게도 날개를 달아 주고 공중을 나는 법을 가르쳐 주었다. 마치 어린 새에게 나는 법을 처음 가르치는 어미 새처럼 말이다.

다이달로스와 이카로스는 탑에서 힘차게 뛰어내렸다. 그리고 푸른 창공으로 날아올랐다. 그들의 비행은 성공이었다. 드디어 신이 아닌 사람이 하늘을 날게 된 것이다. 이카로스는 기쁨에 넘쳐 하늘에 닿을 정도로 높이 올라갔다.

다이달로스는 신화의 인물이다. 그렇다면 날개를 만들려는 노력도 신화 속의 허구에 지나지 않는 것일까? 그렇지는 않다. 다이달로스보다 훨씬 오랜 옛날부터 인류는 새처럼 날고 싶다는 욕망을 가졌다. 그들 중에 새를 흉내내어 실제로 날아 보겠다고 시도한 사람도 있었을 것이다. 다이달로스처럼 깃털을 모아 날개를 만들고 팔에 붙인 다음, 언덕이나 나무 위에서 날개를 퍼덕이며 뛰어내렸을지도 모른다. 하지만 결과는? 신화의 내용과는 달리 그대로 곤두박질친다.

새와 똑 같은 날개를 달고 퍼덕였는데 어째서 사람은 날 수가 없는 것일까? 그것은 어깨 근력의 차이 때문이다. 사람의 어깨 근력은 새의 날개 근력에 비해 아주 약하다. 프랑스 태생의 미국 비행 기술자 샤누(Octave Chanute ; 1832년~1910년)에 따르면, 20파운드(약 9킬로그램)의 새는 꾸준히 날기 위해 1마력의 힘을 낸다고 한다. 사람의 힘으로 날개를 퍼덕여서는 도저히 날 수가 없다는 이야기이다. 날기 위해서는 날개가 있어야 되는데, 날 수 있을 만큼 퍼덕일 힘이 없다면 남은 방법은 하나뿐이다. 바로 고정된 날개를 단 프로펠러 비행기이다.

1903년 12월 17일, 미국의 라이트 형제는 자신들이 만든 프로펠러 비행기 플라이어 호를 타고 첫 비행에 성공하였다. 그 후 비행기는 눈부신 발전을 거듭하여, 이제 초음속 여객기가 하늘을 나는 시대가 되었다. 하지만 이들 비행기는 모두 엔진의 힘으로 날아가는 기계였다. 사람들은 이렇게 생각하였다. '오직 사람의 힘으로 크레타 섬에서 그리스까지 날아갈 수 있을 때 비로소 다이달로스의 신화가 끝나는 것이다.'

1988년 4월 23일 오전 7시, 크레타 섬의 날씨는 토요일의 여유로움을 즐기려는 듯 화창하였다. 이라클리온 공군 기지의 활주로에는 글라이더처럼 날렵하게 생긴 한 대의 비행기가 앉아 있었다. '다이달로스 88'이라 불리는 그 비행기는 MIT의 과학자들이 심혈을 기울여 만든 인력 프로펠러 비행기였다. 조종사는 31세의 건장한 그리스 청년 카넬로폴로스(Kanellos Kanelopoulos)로, 제 14회 그리스 전국 사이클 선수권 대회의 우승자였다. 그는 서서히 페달을 밟았다. 페달에 걸린 힘은 기어 박스를 통해 지름 3미터가 넘는 대형 프로펠러로 전달되었다. 비행기는 서서히 땅을 밀치고 떠올랐다.

카넬로폴로스의 발 바로 밑에서는 에게 해의 푸른 물결이 출렁댔다. 그 옛날, 다이달로스와 이카로스가 날개 달린 팔을 힘차게 퍼덕였던 것처럼, 그는 땀을 흘리며 페달을 밟았다. 그 때 그의 머

시험 비행중인 다이달로스 88

리 속에는 이런 생각이 떠올랐을지도 모른다. '이카로스처럼 자만에 빠져서는 안 된다. 이제까지 연습해 왔던 대로 천천히 그리고 꾸준히 발을 움직이는 거다!'

그렇게 하기를 3시간 54분. 다이달로스 88은 115킬로미터를 날아 키클라데스 제도의 남쪽 끝에 위치한 화산섬 산토리니에 도착하였다. 3,500년 전, 크레타의 미궁을 떠난 다이달로스가 에게 해를 날아 그리스에 도착한 신화가 실현되는 순간이었다.

이카루스는 얼어 죽는다

어린 시절, 지구가 둥글다는 사실을 처음 알고 무척이나 당황했었다. 나의 머리 쪽이 위라면, 지구 반대편에 있는 사람들은 박쥐처럼 거꾸로 매달려 사는 것이 아닌가? 이런 걱정이 얼마나 일반적이었는지, 한 학생이 가방에 쇳덩어리를 넣고 다닌다는 내용의 만화책이 나올 정도였다. 무거워야 지구에서 떨어지지 않으리라는 생각에서였을 것이다. 그러나 이러한 에피소드는 하나만 알고 둘은 몰랐기 때문에 일어나는 넌센스일 뿐이다. 하나란 '지구는 둥글다.'이고 둘은 '모든 사람에게 지구의 중심은 아래쪽이다.'라는 사실이다.

그리스 로마 신화에는 이와 비슷한 넌센스들이 자주 등장한다. 그것은 관찰 능력에 비해 실험 능력이 성숙하지 못한 결과이다. 그러니 비과학적이라기보다는 과학의 초기 단계에서 일어나는 헤프닝이라고 해야 옳을 것이다. 다음은 그러한 넌센스에 관한 이야기이다.

하늘을 날기 전 다이달로스는 고도를 적당히 유지하라고 아들에게 주의를 주었다. 너무 낮게 날면 습기로 날개가 무거워질 것이고, 너무 높이 날면 날개를 붙인 밀랍이 햇볕에 녹는다는 이유였다. 하지만 혈기왕성한 이카로스는 하늘을 날게 되었다는 사실에 너무 흥분한 나머지 아버지의 말을 잊고 말았다. 그리고 마음껏 날갯짓을 하며 하늘 높이 날아올랐다. 결국 비극은 시작되었다. 다이달로스의 말대로 밀랍이 녹아 깃털이 떨어져 나가기 시작한 것이다. 이카로스는 바다로 추락하여 그만 숨을 거두고 말았다.

죄와 벌은 함께 붙어 다니는 법인가 보다. 조카를 탑에서 떨어뜨린 죄가 어디로 가겠는가? 조카는 다행히 새가 되어 날아갔지만,

〈**이카로스의 추락**〉 카를로 사라체니(Carlo Saraceni) 작품. 아버지의 충고를 잊고 태양에 가까이 다가간
이카로스는, 날개가 녹아 바다로 추락하고 만다.

자신의 아들은 새를 흉내내다 바다에 떨어져 죽고만 것이다. 다이
달로스는 자기 기술의 한계를 탓하며 울부짖었다. 아들의 시신을
찾아 고이 묻은 다이달로스는 시칠리아 섬에 도착하여 아폴론을
위한 신전을 건립하고, 자신의 날개를 그 곳에 걸어 놓았다.

요즘같은 강력 접착제가 있었다면 이카로스가 죽음을 면할 수 있었을까? 그렇지는 않다. 어차피 날개를 달고 그 먼 거리를 날 수는 없었을 테니 말이다. 인간의 힘으로 날아서 에게 해를 건너게 된 것이 불과 10여 년 전의 일이 아닌가? 날개를 달면 날 수 있으리라는 생각, 즉 다이달로스의 날개는 신화 시대 사람들의 막연한 꿈을 표현한 일종의 넌센스일 뿐이다. 그런데 이 이야기 속에서 우리는 신화 시대 사람들의 넌센스를 하나 더 찾을 수 있다. 바로 '높이 올라 가면 태양에 가까워지기 때문에 더 뜨거워진다.'라는 다이달로스의 생각이다.

지구를 덮고 있는 기체를 공기라고 한다. 공기는 높이 올라갈수록 희박해진다. 공기를 이루는 기체가 지구의 중력에 끌려 대부분 아래쪽에 몰려 있기 때문이다. 공기가 희박해진다는 것은 공기의 압력, 즉 기압이 낮아진다는 것을 뜻한다. 다시 말해 기압은 높이 올라갈수록 낮아지는 것이다.

또 기온은 공기의 온도를 말한다. 기온을 좌우하는 요인은 물론 햇볕이다. 그렇다고 햇볕이 공기를 직접 데우는 것은 아니다. 햇볕은 먼저 지표나 해수면을 데운다. 그런 다음 따뜻해진 공기가 위로 올라가면서 위쪽의 공기를 데우는 것이다. 그렇다면 높이 올라갈수록 기온이 높아지지 않을까? 묘하게도 그와 정반대이다. 공기는 높이 올라갈수록 팽창하게 되는데, 팽창하는 공기의 온도는 낮아지기 때문이다. 기온은 100미터 올라갈수록 약 0.6도씩 낮아진다고 한다.

이 같은 내용을 염두에 두고 가정해 보자. 자, 이카로스가 마음껏 하늘 위로 올라갔다. 과연 어느 정도 높이까지 올라갈 수 있었

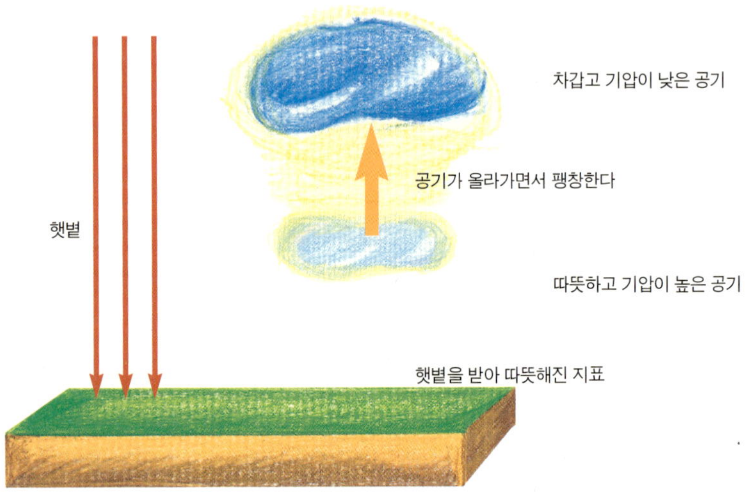

을까? 신화 속의 이야기라고 높이를 마음대로 올릴 수는 없고, 나름대로 합리적인 기준을 찾아보자. 대부분의 새들은 150미터 이하의 높이에서 난다. 하지만 장거리를 이동하는 철새들은 보통 1,500~6,000미터 정도의 높이에서 난다고 한다. 이카로스가 철새보다 높이 날기는 힘들었을 터이니 3,000미터쯤 날아 올랐다고 가정해 보자. 에게 해의 수면 온도를 섭씨 20도라고 하면 3,000미터 위의 기온은 섭씨 2($=20-30\times0.6$)도쯤 되는 셈이다!

섭씨 2도의 기온이라면 밀랍이 녹기는커녕 얼어 붙을 정도이다. 만일 신화 시대의 사람들이 이러한 과학 지식을 알고 있었다면, 이카로스의 이야기는 다음과 같이 바뀌지 않았을까?

하늘을 나는 기분은 정말 황홀하였다. 이카로스는 어느새 아버지의 주의를 잊은 채 날개를 퍼덕이며 마음껏 솟아올랐다. 에게 해의 섬들이 작은 점처럼 가물거렸다.

얼마가 지났을까? 이카로스는 뭔가 심상치 않은 일이 벌어졌음을 깨달았다. 몸이 으슬으슬 떨려 왔고 팔은 점점 뻣뻣해져 갔다. '왜 이렇게 숨쉬기가 어려운 거야. 아~, 내가 너무 높이 올라왔나!' 하지만 때는 이미 늦었다. 이카로스는 눈앞이 캄캄해지는 것을 느끼며 이내 정신을 잃고 말았다. 그리고 화살에 맞은 새처럼 바다로 곤두박질쳤다.

다이달로스는 그저 신화에 등장하는 한 인물에 불과하다. 하지만 그의 이야기는 하늘을 날고자 하는 노력이 아주 오래 전부터 있었음을 말해 주고 있다. 날개를 달고 퍼덕이는 것을 과학이라고 할 수 있을까? 그렇다. 사람이 날개를 퍼덕여서 날 수는 없다는 결론이 내려진 것은 불과 300년 전의 일이 아닌가? 다이달로스는 목숨을 걸고 끊임없이 도전하던 비행 역사 초기의 과학자였던 것이다.

8장

발견은 천문학자에게, 영광은 제우스에게

— 밤 하늘의 그리스 로마 신화

"사라지는 것은 어머니로부터 물려받은 부분(육신)뿐이다. 나에게서 물려받은 부분(정신)은 영원 불멸하다. 나는 목숨을 잃은 그를 천국으로 데려오려 하니 그대들도 모두 그를 따뜻하게 받아 주기 바란다."

— 토마스 벌핀치 「신화의 시대」

<천구도>

안드레아 셸라리우스
(Andrea Cellarius) 작품

세 상에서 우리와 가장 멀리 있는 것은 별이다. 별은 지구를 벗어나 수천 수만 광년 거리의 우주 저편에 있기 때문이다. 하지만 가슴으로 느끼는 별은 세상에서 가장 가까운 것이기도 하다. 밤 하늘에는 지금도 신들의 위엄과 영광이 빛나고 있으며, 영웅과 요정들의 용감하고 아름다운 전설이 새겨져 있다. 밤 하늘의 이런 이야기들은 아무리 오랜 세월이 흘러도 변하지 않는 삶의 이치를 간직하고 있다. 손을 아무리 뻗어도 닿을 수 없는 별들이 그래서 우리 가슴에는 그처럼 가깝게 다가오는 것이다.

그리스 로마 신화의 일관된 특징 중의 하나는 자연과 인간의 끊임없는 변신이다. 신화에서는 흙과 돌이 사람이 되기도 하고, 사람이 나무나 돌 또는 짐승이나 별이 되기도 한다. 이러한 변신의 원인은 대부분 신들의 저주와 주인공의 애절한 원망 가운데 있다. 목욕 중인 여신 아르테미스의 알몸을 훔쳐본 악타이온은 벌을 받아 사슴이 되었으며, 다프네는 월계수가 되어서야 아폴론의 끈질긴 구애로부터 벗어날 수 있었다.

이러한 자연물로의 변신 중에서 가장 신성한 것은 하늘의 별이 되는 것이다. 「그리스 로마 신화」의 세계 창조 이야기에서 볼 수 있듯이, 하늘은 태초의 혼돈으로부터 가장 가벼운 불이 날아올라가 만들어졌다. 그 불의 기운이 응결된 것이 바로 별이니, 별은 모든 자연물 중에서 가장 신성하고 영광스러운 존재이다.

제우스가 수놓은 밤 하늘의 연회장

오늘날 세계의 밤 하늘은 그리스 로마 신화의 연회장이 되어 버린 느낌이다. '주피터(제우스의 로마 이름 ; 목성)'는 밤 하늘에서 가장 밝은 별들의 하나이며, '오리온(포세이돈의 아들이자 힘센 사냥꾼)'은 가장 화려한 별자리의 하나이다. 신화의 주인공들을 밤 하늘의 별자리로 만드는 일은 제우스의 몫이다. '신들의 신'인 제

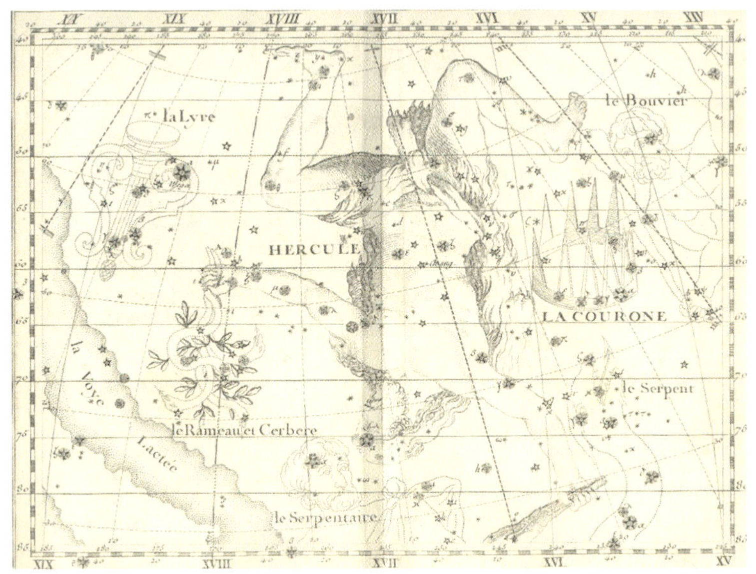

헤라클레스 성도

우스는 '하늘의 신'이기도 하기 때문이다. 이러한 제우스의 권위는 자신의 아들인 헤라클레스의 죽음을 맞아 여러 신들에게 고한 이야기에 잘 드러나 있다.

"사라지는 것은 어머니로부터 물려받은 부분(육신)뿐이다. 나에게서 물려받은 부분(정신)은 영원 불멸하다. 나는 목숨을 잃은 그를 천국으로 데려오려 하니 그대들도 모두 그를 따뜻하게 받아 주기 바란다."

헤라클레스는 제우스와 알크메네 사이에서 태어났다. 알크메네는 사람이었기 때문에 헤라클레스 역시 사람으로서 언젠가는 죽어야 할 운명이었다. 하지만 헤라클레스는 제우스의 배려로 하늘의 별자리가 되었다. 이것은 헤라클레스가 사람의 몸을 버리고 신으로 다시 태어났음을 뜻한다. 헤라클레스를 미워하던 헤라도 어쩔 수 없이 그와 화해를 하였다. 그리고 자신의 딸이자 '젊음의 신'인 헤베를 신이 된 헤라클레스에게 시집 보냈다.

영웅을 별자리로 만드는 것은 신의 권리이지만, 그 별자리에 이름을 붙이는 것은 사람의 몫이다. 신화는 결국 사람이 만들었기 때문이다. 세계의 여러 민족들은 아주 오래 전부터 독자적인 별자리를 밤 하늘에 그려 왔다. 티그리스 강과 유프라테스 강 유역에 살던 수메르 인들은 약 6,000년 전에 이미 설형 문자로 별자리를 기록하였다고 한다. 이들의 별자리는 주변의 여러 민족에게 전해지면서 다양하게 발전하였다. 그리고 지금 우리가 알고 있는 별자리는 대부분 그리스 로마 신화에서 유래한다.

그리스 신화에 등장하는 별자리에 대한 기록은 기원전 7세기까지 거슬러 올라간다. 고대 그리스의 위대한 시인 호메로스(Homeros ; 기원전 약 800년~기원전 약 750년)는 「일리아스」에서 헤파이스토스가 아킬레우스의 방패를 만드는 과정을 다음과 같이 설명하고 있다.

"그 위에 헤파이스토스는 지구와 하늘과 바다와 지칠 줄 모르는 태양, 보름달, 그리고 플라이아데스, 히아데스, 용맹스러운 오리온과 큰곰 등 하늘을 덮고 있는 모든 별자리를 만들어 넣었으며(중략)"

고대 그리스의 별자리 대부분은 기원전 5세기까지 신화와 긴밀하게 연결되는데, 고대 그리스의 천문학자이자 수학자인 에라토스테네스(Eratosthenes ; 기원전 약 273년~기원전 약 192년)에 이르러 별자리 신화가 거의 완성되었다. 이 때에는 천문학과 별자리 신화가 구별할 수 없을 정도로 결합되어 있었으며, 별들은 단지 신이나 영웅을 상징하는 것이 아니라 신 그 자체로 여겨졌다.

별과 별자리에 관한 기록은 고대 그리스나 초기 로마의 문서 여기 저기에 나타나고는 있지만, 가장 훌륭한 별들의 목록을 만든 사람은 알렉산드리아의 천문학자 프톨레마이오스(Klaudios Ptolemaeos ; 약 85년~약 165년)이다. 그는 「알마게스트」로 잘 알려진 저서에서 48개의 별자리에 속한 1,022개의 별을 목록으로 작성하였다. 그러나 그리스와 로마가 모두 북반구에 위치하고 있는 까닭으로 「알마게스트」에는 남반구의 별자리들이 빠져 있다.

15세기에 들어 포르투갈의 엔리케(Henrique ; 1394년~1460년) 왕자는 배를 타고 아프리카 항로를 개척하였으며, 15세기 말에는 이탈리아 출신의 탐험가인 콜럼버스가 대서양을 건너 아메리카 대륙을 발견하게 된다. 대항해 시대라고 불리는 이 때부터 배를 타고 남반구를 항해하던 탐험가들에 의해 남반구의 별자리들이 유럽에 소개되기 시작하였다. 이 때 만들어진 남반구의 별자리 중에는 용골, 컴퍼스(나침반), 망원경, 육분의 등과 같이 선박이나 항해 도구에서 이름을 따온 것이 많다.

1922년 국제 천문 연합(IAU)은 시대와 장소에 따라 별자리가 달라지는 데에서 생기는 혼란을 막기 위해 새로운 별자리 체계를 확정하였다. 즉 하늘 전체를 88개의 구역으로 나누고, 이전까지 알려진 주요한 별들이 바뀌지 않는 범위 내에서 별자리를 하나씩 배정한 것이다. 황도를 따라서 12개, 북반구 하늘에 28개, 남반구 하늘에 48개. 이 88개의 별자리가 현재 우리가 쓰고 있는 별자리로서, 이들의 이름을 지을 때 가장 큰 영향을 준 것은 당연히 그리스 로마 신화였다.

| 꼬마 숙녀가 지은 명왕성의 이름 '플루토' |

천문학처럼 신화의 영향(특히 천체의 이름을 지을 때)을 많이 받은 학문도 별로 없을 것이다. 수성, 금성, 화성, 목성, 토성은 맨눈으로도 볼 수 있기 때문에 고대로부터 잘 알려진 행성들이다. 우리나라에서는 이들 다섯 행성을 '오행성'이라고 하는데, 서양에서는 오행성 모두를 그리스 로마 신화에 등장하는 신들의 이름으로 부른다. 18세기 이후에 망원경 관측으로 발견된 행성들인 천왕성과 해왕성, 명왕성도 그리스 로마 신들의 이름으로 불리기는 마찬가지이다.

태양으로부터 떨어진 거리에 따라 '수-금-지-화-목-토-천-해-명'으로 불리는 아홉 행성 중 지구를 제외하고는—지구를 뜻하는 영어 '어스(Earth)'는 '땅'을 뜻하는 고대 영어 'eorthe'와 고대 독일어 'erda'에서 유래하였다.—모두 그리스 로마 신들의 이름이 붙여진 것이다. 그런데 행성들과 그에 해당하는 신들의 특징을 잘 음미해 보면, 그 절묘한 연관성에 저절로 무릎을 치게 된다. 행성들에게 신들의 이름을 아무렇게나 부여한 것이 아님을 깨닫게 되

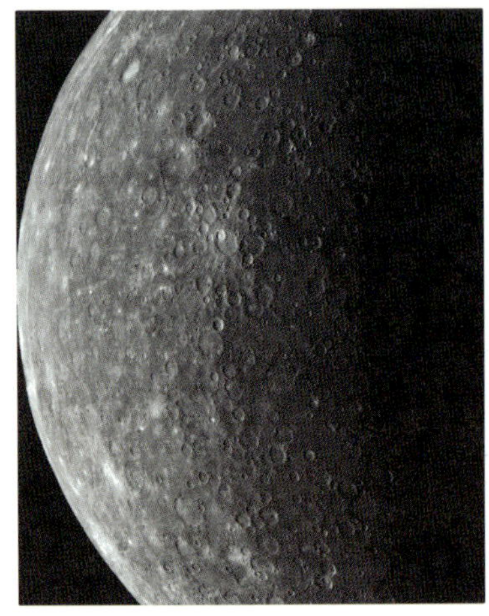

수성   금성

는 것이다. 행성의 이름은 우리에게 익숙한 영어식 이름을 중심으로 알아본다.

수성(머큐리 : Mercury)은 로마 신화의 '메르쿠리우스(Mercurius)'에서 유래하였으며, 그리스 신화의 '헤르메스(Hermes)'에 해당한다. 수성은 태양에 가장 가까운 행성으로 겉보기 운동이 가장 빠르다. 헤르메스는 제우스의 아들이자 전령으로서, 날개 달린 모자와 구두를 신고 아주 빠른 속도로 제우스의 소식을 전달하는 신이었다.

금성(비너스 : Venus)은 로마 신화의 '베누스(Venus)'에서 유래하였으며, 그리스 신화의 '아프로디테(Aphrodite)'에 해당한다. 금성은 태양이 뜨기 전 새벽 또는 태양이 진 후 초저녁에 볼 수 있는데, 태양과 달을 제외하고는 밤 하늘에서 가장 밝은 별이다. 별의

화성 목성

밝음은 아름다움을 뜻한다. 따라서 이 별에 그리스 로마 신화의 미의 여신인 아프로디테의 이름이 붙은 것은 당연하다.

화성(마르스 ; Mars)은 로마 신화의 '마르스(Mars)'에서 유래하였으며, 그리스 신화의 '아레스(Ares)'에 해당한다. 화성은 음산한 붉은색을 띠고 있기 때문에 전갈자리의 붉은 별인 안타레스와 함께 밤 하늘에서 가장 불길한 별로 알려져 왔다. 아레스는 제우스와 헤라(Hera)의 아들로서 전쟁의 신이다. 화성의 붉은색은 전쟁과 피를 상징한다. 안타레스(Antares)는 '화성의 라이벌(Anti-Ares)'이라는 뜻으로 안타레스의 밝기와 붉은색이 화성과 비슷하기 때문에 붙여진 이름이다.

목성(주피터 ; Jupiter)은 로마 신화의 '유피터(Jupiter)'에서 유래하였으며, 그리스 신화의 '제우스(Zeus)'에 해당한다. 목성은 밤

갈릴레이가 발견한 제우스의 연인들

목성에 대해 이야기하면서 빼놓을 수 없는 것이 '갈릴레이 위성'이다. 갈릴레이 위성이란 목성의 위성 중에서 가장 큰 네 개를 말하는데, 이탈리아의 천문학자 갈릴레이(Galileo Galilei ; 1564년~1642년)가 1610년 1월에 자신이 직접 만든 망원경으로 맨 처음 발견하였기 때문에 이런 이름으로 불리게 되었다. 갈릴레이는 같은 해 3월에 〈항성 소식(Sidereus Nuncius)〉을 출간하여 자신의 관측 결과를 발표하였다.

그런데 독일의 마리우스(Simon Marius ; 1573년~1624년)라는 천문학자는 1614년에 발간한 〈1609년에 네덜란드 망원경으로 발견한 목성의 세계(Mundus Iovialis anno M.DC.IX Detectus Ope Perspicilli Belgici)〉에서 자신이 갈릴레이보다 먼저 목성의 위성을 발견하였다고 주장하였다. 하지만 갈릴레이처럼 관측 결과를 즉시 발표하지 않았기 때문에 마리우스의 주장은 입증하기 어렵게 되었다. 어쨌든 갈릴레이의 관측 결과가 더 믿을 만하였고 상세하였기 때문에 목성 위성 발견자의 영광은 갈릴레이에게 돌아갔다. 마리우스는 목성 위성의 이름에 대한 케플러(Johannes Kepler ; 1571년~1630년)의 다음과 같은 제안을 소개하기

갈릴레오 갈릴레이(Galileo Galilei)
이탈리아의 천문학자이자 물리학자. 손수 만든 망원경으로 달과 목성, 토성 등을 관측하였으며, 지동설을 주장하였다. 또한 아리스토텔레스의 역학 이론을 비판적으로 고찰하다가 '모든 물체는 종류와 크기에 관계 없이 같은 속도로 낙하한다.' 는 자유 낙하의 법칙을 발견하기도 하였으며, '진폭은 달라도 1회의 왕복 시간은 일정하다.' 는 진자의 등시성(等時性)을 발견하였다. 해시계, 물시계, 모래시계에서 톱니바퀴와 추를 이용한 오늘날의 추시계로 발전한 것도 바로 이 '등시성의 원리' 덕분이다.

도 하였다.

"제우스의 난잡스러운 애정 행각은 여러 편의 시를 통해 잘 알려져 있다. 특히 제우스의 은밀한 유혹에 넘어간 다음의 세 처녀가 자주 언급된다. 강의 신 이나코스의 딸 이오, 리카온의 딸 칼리스토 그리고 아게노르의 딸 에우로파이다. 트로스 왕(King Tros)의 잘 생긴 아들 가니메데는 또 어떠한가? 시인들이 놀라며 노래하는 것처럼, 제우스는 독수리로 변신하여 가니메데를 등에 태우고 하늘로 납치하였다. (중략) 그러므로 내가 첫 번째 위성을 이오, 두 번째 위성을 에우로파, 가장 밝은 세 번째 위성을 가니메데 그리고 네 번째 위성을 칼리스토라고 불러도 큰 잘못은 아닐 것이다."

갈릴레이는 원래 이 위성들을 '메디치가의 행성(Medicean planets)'이라고 불렀으며, 각각의 위성은 Ⅰ, Ⅱ, Ⅲ, Ⅳ의 번호를 붙여 구분하였다. 메디치가는 르네상스 시대의 이탈리아를 대표하는 명문 집안이었다. 갈릴레이가 붙인 이 이름은 약 200년 동안 사용되었으나, 1800년대 중반에 이르러 케플러가 제안한 이름들이 공식적으로 채택되었다.

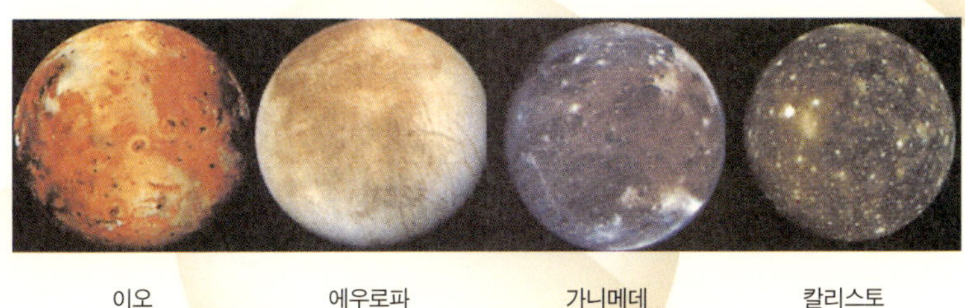

| 이오 | 에우로파 | 가니메데 | 칼리스토 |

목성의 위성

1989년, 미국은 목성 탐사선을 발사하였다. 그 탐사선에는 목성의 위성을 발견한 갈릴레이를 기념하여 '갈릴레오 탐사선'이라는 이름이 붙었다. 위의 사진은 갈릴레오 탐사선이 찍은 목성의 가장 큰 네 개의 위성들이다.

토성

천왕성

하늘에서 금성 다음으로 밝은 별이다. 금성은 지구 궤도의 안쪽에 있기 때문에 겉보기 운동이 빠르다. 하지만 목성은 태양 둘레를 한 바퀴 도는 데 12년이나 걸린다. 하늘의 신이며 신들의 신인 제우스를 상징하는 행성으로는 태양 주변을 경망스럽게 맴도는 금성보다는 유유자적한 모습의 목성이 더욱 어울릴 것이다. 더구나 목성은 자신을 제외한 모든 행성을 합친 것보다 무거울 정도로 큰 행성이다. 옛날 사람들이 목성의 크기를 알지는 못했겠지만, 그야말로 최대의 행성에 최고의 신의 이름을 적절히 붙였다고 해야 할 것이다.

토성(새턴 ; Saturn)은 로마 신화의 '사투르누스(Saturnus)'에서 유래하였으며, 그리스 신화의 '크로노스(Cronos)'에 해당한다. 크로노스는 티탄, 즉 거인 신족의 일원이다. 그리스 신화의 주요 신들인 제우스, 헤라, 하데스, 포세이돈, 데메테르, 헤스티아가 모두 크로노스의 자식들이다. 크로노스는 아들 제우스에게 쫓겨나 최고

신의 자리를 빼앗겼다. 오행성 중 가장 어둡고 목성보다 먼 곳에 위치한 토성은 크로노스의 빛 바랜 영광을 잘 대변해 주고 있다.

천왕성(우라누스 ; Uranus)은 로마 신화의 '우라누스(Uranus)'에서 유래하였으며, 그리스 신화의 '우라노스(Uranos)'에 해당한다. 우라노스는 세상이 창조될 때 대지로부터 분리되어 만들어진 하늘, 즉 하늘의 신이다. 우라노스와 대지의 여신 가이아(Gaea)는 12명의 티탄 남매를 낳았는데, 그 중의 하나가 제우스의 아버지인 크로노스이다. 천왕성은 1781년 영국의 천문학자 허셜(William Herschel ; 1738년~1822년)이 발견하였다.

허셜은 자신이 처음 발견한 이 행성의 이름을 '조지의 별(the Georgium Sidus)'이라고 불렀었다. 그 때 영국의 왕이었던 조지 3세에게 자신의 영광을 돌린 것이다. 하지만 독일의 천문학자인 보데(Johann Elert Bode ; 1747년~1826년)의 생각은 허셜과 달랐다. 보데는 새로 발견된 행성의 이름은 지금까지 알려진 다른 행성들의 이름과 연관성이 있어야 한다고 주장하며, 고대 그리스의 하늘의 신 '우라노스'를 제안하였다. 이 이름은 1850년부터 통용되기 시작하였다.

해왕성(넵튠 ; Neptune)은 로마 신화의 '넵투누스(Neptunus)'에서 유래하였으며, 그리스 신화의 '포세이돈(Poseidon)'에 해당한다. 아버지를 몰아낸 제우스는 형제들과 세상을 나누어 다스리게 되었는데 제우스는 하늘, 포세이돈은 바다 그리고 하데스는 지하 세계를 차지하였다. 해왕성은 1846년 독일의 천문학자 갈레(Johann Gottfried Galle ; 1812년~1910년)가 발견하여 넵튠이라는 이름을 붙였다. 해왕성은 메탄으로 이루어진 거대한 가스의 행

해왕성   명왕성

성으로 표면이 짙푸른 바다처럼 보인다.

태양계 가장 바깥쪽 행성인 명왕성(플루토 ; Pluto)은 로마 신화의 '플루토(Pluto)'에서 유래하였으며, 그리스 신화의 '하데스(Hades)'에 해당한다. 명왕성은 1930년 미국의 천문학자 톰보(Clyde Tombaugh ; 1906년~1997년)가 발견하였다. 명왕성이 발견되자 국제 천문 연합(IAU)은 이 새로운 행성의 이름을 공모하였다. 새로 발견된 행성의 이름을 자신이 지을 수 있다니 얼마나 영광된 일인가? 많은 사람들이 제우스, 아프로디테, 바쿠스, 아폴론 등 각기 다른 신들의 이름을 제안하였다. 하지만 놀랍게도 국제 천문 연합은 영국 옥스포드의 베네시아 버니(Venetia Burney)라는 11세짜리 소녀가 제안한 '플루토'라는 이름을 선택하였다.

플루토는 지하 세계의 신이며, 그가 사는 곳은 햇빛이 거의 없는 어둠의 세계이기도 하다. 톰보가 새로 발견한 행성은 태양계에서 가장 먼 곳에 있기 때문에 춥고 음침한 암흑의 행성이었다. 이 행

〈저승 세계의 뱃사공 카론의 나룻배〉 오토한스 바이어 작품(1929년). 색판화

성에 붙일 수 있는 이름 중에서 지하 세계의 신 플루토보다 더 멋진 이름이 어디 있겠는가? 1978년 7월에는 크리스티(Christy)라는 미국의 천문학자가 명왕성의 위성을 발견하였는데, 이 위성에는 '카론(Charon)'이라는 이름이 붙었다. 하데스가 지배하는 지하 세계로 가려면 다섯 개의 강을 건너야 한다. 그 중 첫 번째 만나는 강이 '비통의 강'이라고도 불리는 '아케론 강(River Acheron)'이며, 카론은 혼령들을 이 강의 건너편까지 실어 나르는 뱃사공의 이름이다.

9장

태양과 별의 운동

— 칼리스토에게 휴식을!

"바다의 신은 그 소원을 들어 주었으며, 그래서 큰곰자리와 작은곰자리는 하늘에서 쉼 없이 계속 돌 뿐 다른 별들처럼 바다 밑으로 내려오는 일이 없게 되었다."

— 토마스 벌핀치 「신화의 시대」

〈아르테미스와 칼리스토〉 티치아노(Vecellio Tiziano) 작품(1556년~1559년)

"밤마다 뜨는 별

우리 가슴마다 뜨는 별

잠 못 이루고 생각하는

우리들의 별들

더 깊은 하늘에 숨겨 둡시다 ….."

―박이도 〈소망의 별을〉

| 아폴론이 개척한 천문학자들의 하늘 지도 |

우리는 하늘의 천체 중에서 태양과 달 이외의 것을 별이라고 부른다. 하지만 좁은 의미의 별은 태양처럼 스스로 빛을 내는 천체, 즉 '항성(star)'을 뜻한다. 항성은 천문학 용어이지만 별은 일반 용어이다. 그렇기 때문에 '별'이란 말이 무엇을 뜻하는지는 글을 읽으면서 잘 이해해야 한다. 스스로 빛을 내지는 못하지만 지구처럼 태양의 둘레를 돌며 항성의 빛을 반사하여 빛나는 천체를 '행성(planet)'이라고 한다. 행성의 둘레를 도는 천체는 '위성(satellite)'이다. 달은 지구의 위성이며 카론은 명왕성의 위성이다. '은하(galaxy)'는 수천억 개의 항성들이 모여 이루어진 천체이며, 이런 은하들 수천억 개가 모인 것이 우리의 '우주(universe)'이다.

우리가 이런 사실들을 알게 된 것은, 수십억 광년(1광년은 빛이 1년 동안 달리는 거리)의 먼 우주를 볼 수 있는 거대한 천체 망원경이 발명된 이후였다. 하지만 오직 맨눈으로밖에 사물을 볼 수 없었던 고대인들에게, 우주는 단지 그들이 살고 있는 땅덩어리(지구)를 둘러싼 하늘에 불과하였다. 그리고 별들은 하늘에 박혀 있는 불덩이였다. 고대인들의 이러한 천체관은 태양의 신 아폴론과 그의 아들 파에톤의 이야기에 잘 드러나 있다〔아폴론(Apollon) : 그리스 로마 신화에서 태양의 신이자 파에톤의 아버지는 헬리오스(Helios)이다. 아폴론은 음악의 신이자 활의 신이었다. 또한 빛의 신이기도 하였기 때문에 헬리오스와 동일시 되기도 한다. 여기서는 토마스 벌핀치(Tomas Bulfinch)의 「신화의 시대」를 원전으로 삼았다.〕. 아폴론은 태양의 이륜마차를 끌어 보고 싶다는 아들 파에톤의 응석에 대해 다음과 같이 타이르고 있다.

"게다가 천구(하늘)는 계속 돌면서 그 안에 품어져 있는 별들을 이동시킨단다. (중략) 네 밑에서 천구가 돌고 있는데 마차를 똑바로 몰 수 있겠니. 도중에 숲과 도시 그리고 신전과 궁전과 사원을 지나게 될 것이라고 생각할지도 모르겠구나. 사실은 그와 반대로 끔찍한 괴물들 사이를 지나야 한다. 황소(자리)의 뿔 근처와 궁수(자리)의 앞 그리고 사자(자리)의 턱 밑을 스쳐야 하며, 한쪽에서는 전갈(자리) 그리고 다른 쪽에서는 게(자리)의 집게발이 뻗어나와 있는 곳을 지나야 한단다."

그리스 로마 신화에 따르면 고대인들은 별들이 하늘에 품어져 제자리를 지키고 있으며, 다만 천구의 회전에 따라 움직이는 것으로 이해하고 있었다. 아폴론이 태양의 이륜마차를 이끌고 별 사이를 헤치며 하루에 한 번씩 하늘을 가로지르고, 또 태양이 질주할 때에도 별자리 사이를 지나야 한다는 것을 보면, 햇빛 때문에 보이

〈플로라의 왕국〉 니콜라 푸생(Nicolas Poussin) 작품(1631년). 꽃으로 변신한 신화 속의 인물들을 묘사한 작품이다. 그림 위쪽에 아폴론이 태양 마차를 몰고 하늘을 가로지르고 있다.

지 않을 뿐이지 낮에도 별이 있음은 알았던 것 같다. 별자리를 신격화한 것을 제외한다면 이러한 지식은 현대적 관점으로 보아도 손색이 없다.

별들의 위치가 거의 변하지 않는다는 사실은 현대 천문학적 지식을 조금이라도 귀동냥한 독자들이라면 잘 알고 있을 것이다. 그러나 실제로는 모든 별들이 아주 빠른 속도로 우주 공간을 돌아다니고 있다. 즉, 별의 위치는 계속 변하는 것이다. 하지만 대부분의 별이 우리로부터 아주 멀리 떨어져 있기 때문에 별의 위치가 거의 변하지 않는 것처럼 보이는 것이 사실이다. 항성에는 '붙박이별 (fixed star)'이란 뜻도 포함되어 있다. 이런 사실은 기차 여행을 할 때 직접 느낄 수가 있다. 기찻길 옆의 가로수는 순식간에 뒤로 움직이지만, 멀리 있는 산은 거의 움직이지 않는다!

별의 위치 변화는 각도로 나타내는데, 어떤 별이 1년 동안 움직인 각도의 크기를 그 별의 '고유 운동'이라고 한다. 고유 운동은 우리의 시선 방향과 직각인 방향으로 일어나며, 1년 동안 움직인 각도의 크기를 '초(")'로 나타낸다. 각도의 단위는 도(°)로 나타내는데, 1도는 60분(')이며, 1분은 60초(")이다.

별의 고유 운동을 처음 발견한 사람은 핼리혜성으로 잘 알려진 영국의 천문학자 핼리(Edmond Halley ; 1656년~1742년)이다. 핼리는 1718년 당시에 관측된 별의 위치 기록과 고대 그리스의 천문학자 히파르코스(Hipparchos ; 기원전 약 160년~기원전 약 125년)의 기록을 비교하여 약 2,000년 동안에 큰 차이가 생겼음을 알아냈다. 즉, 시리우스(큰개자리의 1등성)는 0.5도, 아크투루스(목자자리의 1등성)는 1도나 움직였던 것이다.

고유 운동이 가장 큰 별은 뱀주인자리의 10등성인 바너드 별로서 위치가 1년에 10.3초쯤 변한다. 즉, 고유 운동이 가장 큰 별이라 해도 1년에 0.00286도밖에 움직이지 않는 셈이니 고대 그리스 사람들이 별의 움직임을 거의 느끼지 못한 것도 무리는 아니다. 하지만 신화의 시대로부터 약 3,000년이 흐른 지금과 비교하면 위치 변화가 약 8.6도나 된다. 이 각도라면 보름달의 지름 약 17개를 건너

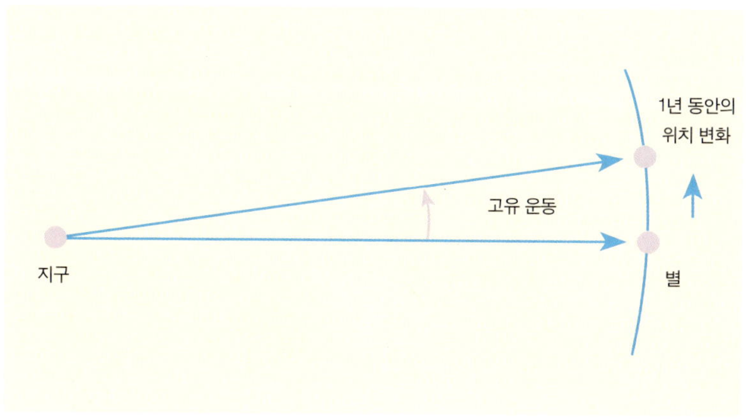

별의 고유 운동

뛰는 정도이다. 만일 아폴론이 태양의 이륜마차를 오늘날 다시 끌게 된다면, 길이 몰라 보게 달라진 뱀주인자리의 근처를 지날 때 아주 조심해야 하지 않을까!

별이 움직이지 않는다는 고대인들의 생각에는 어느 정도 동의하지만, 별이 하늘에 품어져 있다는 생각에는 거부감을 느끼는 독자들도 있을 것이다. 그러나 이제 이 생각이 현대 천문학과 얼마나 부합되는지 알아보기로 하자.

별의 위치 변화 중 우리가 느낄 수 있는 것은 시선 방향에 수직인 성분뿐이다. 실제로 별은 어느 방향으로도 움직이지만, 시선 방향으로 움직인 성분은 알 수가 없다. 어떤 물체가 멀어지고 있다는 느낌은 멀어질수록 작아보이는 기차처럼 그 물체의 크기 변화로만 감지가 가능하다. 하지만 별은 너무 멀리 있기 때문에 점으로 보일 뿐이다. 그런 별이 더 멀어진다고 해서 크기가 달라지는 것이 아니

우주에 대한 호기심을 나타내는 중세의 그림이다. 한 남자가 천구를 뚫고 바깥 우주를 구경하고 있다.

니 시선 방향으로 아무리 멀어져도 우리는 느낄 수가 없는 것이다.

물론 현대의 천문학자들은 여러 가지 방법으로 별까지의 거리를 측정할 수가 있다. 하지만 천문학의 여러 분야에서는 별의 상대적 위치만으로도 중요한 정보를 얻어내는 경우가 많다. 그래서 현대의 천문학자들은 그리스 로마 신화의 하늘과 비슷한 ‘천구(celestial sphere)’라는 개념을 만들어 냈다. 천구는 지구를 중심으로 거리가 무한대인 가상의 공이다. 그리고 모든 천체는 이 천구에 붙어 있다고 생각한다. 다시 말해 별까지의 거리를 무시하고 생각한 우주이며, 아폴론이 날아다니는 하늘과 비슷한 셈이다.

천문학자들은 천구에 눈금을 만들면 더욱 유용할 것이라고 생각하였다. 그래서 지구의 경도와 위도 그리고 적도를 천구에 투영하여 천구의 눈금을 만들었다. 천구의 경도와 위도 그리고 적도를 각각 적경과 적위 그리고 천구의 적도라고 한다. 지구의 특정한 위치를 경도와 위도만 알면 표시할 수 있는 것과 마찬가지로 적경과 적위만 표시하면 하늘의 모든 천체의 위치를 알 수가 있다. 이처럼 거리를 무시한 천구상의 천체 위치를 천체의 '겉보기 위치'라고 한다. 앞에서 별의 고유 운동을 설명할 때 사용한 위치는 바로 이 겉보기 위치이다. 과연 이 겉보기 위치가 현대 천문학에 얼마나 유용한 것일까?

예를 들어, 하늘에 새로운 별이 나타났다고 가정해 보자. 그 별은 아마도 초신성이나 신성 또는 혜성일 것이다. 그 별의 정체를 밝히기 위해서는 많은 천문학자들이 여러 차례에 걸쳐 관측을 해야 한다. 우선 맨 처음 발견한 사람이 그 별의 적경과 적위를 기록하고 발표한다. 물론 다른 천문학자들은 그 정보를 이용하여 새로운 별을 쉽게 찾을 수가 있다. 만일 연구에 그 별까지의 거리가 필요하다면 그 때 가서 측정하면 된다. 천구를 이용한 겉보기 위치는 태양이나 행성의 위치 변화를 기록할 때, 별들의 목록을 만들 때는 물론 아마추어 천문가들이 성운이나 성단 또는 은하를 관측할 때에도 아주 유용한 개념인 것이다.

아주 오래 전, 신화 시대의 사람들에게는 별까지의 거리가 전혀 중요하지 않았다. 기원전 2700년 무렵의 이집트 사람들은 해뜨기 직전에 떠오르는 시리우스를 보고 나일강이 범람할 때임을 알았다. 기원전 2000년 무렵의 바빌로니아 사람들은 태양과 달의 움직임을 이용하여 달력을 만들었다. 고대인들에게는 태양과 달과 행성 그리고 별들의 움직임이 생활과 그만큼 밀접하였던 것이다. 그래서 별자리를 만들고 여러 천체들의 위치를 정확히 관측하였으며, 그처럼 중요한 천체들을 자신들의 생활을 주관하는 신으로 생각하였다.

이와 같은 고대인들의 생각은 신화로 발전하였으며, 그 신화 속에서 헤파이스토스는 태양의 이륜마차를 고안하였고, 아폴론은 그 이륜마차를 끌고 별 사이의 하늘을 질주하였다. 이렇게 보면 현대의 천문학자들이 만들어 낸 천구는 다름아닌 아폴론이 개척한 하늘의 지도가 아닐까?

태양 마차의 외곽순환 고속도로

이 글을 쓰느라고 국내에서 번역 출간된 여러 종류의 「그리스 로마 신화」를 읽어 보았다. 그 중 한 번역서의 다음 구절을 읽어 보도록 하자. 앞서 보았던, 아폴론이 파에톤을 타이르는 장면의 일부 구절이다.

"사수궁 앞에 있는 황소의 뿔 곁을 지나고"

여기서 '사수궁'이란 궁수자리, 즉 '활 쏘는 사람'을 말한다. 별자리 신화에서는 상체는 사람이고 하체는 말인 켄타우로스가 활을 쏘는 모습을 하고 있다. 그리고 '황소'는 황소자리를 말하며, 날카로운 뿔을 앞세우고 돌진하는 황소의 모습을 하고 있다. 그런데 이

번역문을 읽으면서 의문이 생겼다. '이상하다, 궁수자리와 황소자리는 멀리 떨어져 있는데?'

태양은 1년 동안 지구 둘레를 한 바퀴 돈다. 이 말에 깜짝 놀라는 사람은 잠시 진정하기 바란다. 실제로는 지구가 태양의 둘레를 돈다고 해야 하지만, 여기서는 지구를 중심으로 생각한 태양의 겉보기 운동을 말하는 것이다. 이 때 태양이 지나는 길을 '황도(ecliptic)'라고 하는데, 옛날 사람들은 황도를 12개의 별자리로 나누었다. 그 12개의 별자리들이 바로 점성술의 기본이 되는 '황도 12궁'이다. 황도 12궁을 순서대로 나열하면 다음과 같다.

양자리 ▶ 황소자리 ▶ 쌍둥이자리 ▶ 게자리 ▶ 사자자리 ▶ 처녀자리 ▶ 천칭자리 ▶ 전갈자리 ▶ 궁수자리 ▶ 염소자리 ▶ 물병자리 ▶ 물고기자리

그런데 황소자리와 궁수자리 사이에는 별자리가 여섯 개나 있으니, 궁수자리 앞의 황소자리라는 표현에는 모순이 있는 것이다. 그래서 이 번역서의 원문을 찾아 보았다.

"You pass by the horns of the Bull, in front of the Archer"

이제야 의문이 풀렸다. 별자리에 대한 지식이 없으면 위의 영문을 그렇게 해석할 수도 있기 때문이다. 하지만 황도 12궁을 알고 있었다면 위의 영문은 '황소의 뿔 옆을 지나고, 궁수의 앞을 지난다.'라고 번역했어야 옳을 것이다.

지금 번역에 대한 시비를 걸고자 하는 것은 아니다. 신화 시대 사람들의 천문학 지식을 알아보는 것이 우리의 목적이다. 그리스 로마 신화에 따르면, 아폴론의 태양의 이륜마차는 '황소(자리) 뿔의 근처, 궁수(자리)의 앞, 사자(자리)의 턱 밑, 전갈(자리) 그리고 게(자리)의 집게발 옆'을 지나야 한다. 여기에 등장하는 황소, 궁수, 사자, 전갈 그리고 게는 모두 앞에서 설명한 황도 12궁의 별자리들이다. 아폴론은 어째서 12개의 별자리 중 이 다섯 개의 별자리만 언급한 것일까? 그것은 태양의 이륜마차의 길목에 자리잡은 12개의 별자리 중 이 다섯 동물이 가장 위험하였기 때문이다.

아폴론은 다섯 개의 별자리를 순서대로 언급한 것 같지는 않다. 하지만 앞에서 살펴본 바에 따르면 태양의 이륜마차가 가는 길은 정확히 알았던 것 같다. 이것은 그 신화를 만든 시대의 사람들이 태양이 지나는 길, 즉 황도 12궁을 알고 있었다는 뜻이다. 그런데 이 황도 12궁이 도대체 무엇이란 말인가? 아인슈타인의 상대성 이론이라도 되는 것일까?

옛날 사람, 특히 농업 국가의 사람들에게는 달력이 아주 중요하였다. 농사는 1년을 주기로 되풀이되기 때문이다. 봄이 되면 씨앗을 뿌리고, 가을이 되면 수확을 한다. 그런데 봄이 언제이고 가을은 또 언제인가? 물론 꽃이 피고 낙엽이 지는 것으로도 계절을 알수가 있다. 하지만 꽃은 지역에 따라 피고 지는 시기가 다르기 때문에 달력의 정확한 기준은 될 수가 없다.

달력에는 일(日), 월(月), 년(年)이라는 세 가지 요소가 있다. 하루의 기준은 지구의 자전, 즉 태양의 일주 운동이다. 태양이 정남쪽에 떠서 다시 그 위치에 올 때까지의 시간을 하루라고 한다. 한

달의 기준은 달의 공전이다. 그믐에서 다음 그믐까지가 음력 한 달이다. 그렇다면 1년의 기준은 무엇일까? 바로 지구의 공전이다. 지구의 공전 때문에 일어나는 태양의 겉보기 운동을 태양의 연주 운동이라고 하는데, 옛날 사람들은 이 연주 운동을 관찰하여 1년을 정하였다. 이 연주 운동의 경로가 바로 황도이다.

자, 이제 여러분이 신화 시대의 사람이 되어 태양의 연주 운동을 이용, 1년을 정해 보도록 하자. 어느 날, 태양이 어떤 별자리의 어느 위치에 있었다. 그 때를 1월 1일이라고 하자. 그런데 잠깐! 태양이 있을 때에는 별이 보이지 않는데 어떻게 태양의 위치를 정한단 말인가? 간단하다. 그날 밤, 태양의 반대쪽에 있는 별자리를 관찰하면 된다. 여러분은 이제 고대의 천문학자이기 때문에 매일 같은 시간에 태양의 위치를 관찰해야 한다.

하루 이틀 지남에 따라 태양의 위치가 조금씩 변한다. 아마 180일쯤 지나면 태양의 위치가 반대쪽에 올 것이다. 약 360일이 지난 어느 날, 드디어 태양의 위치가 맨 처음 관측을 시작한 그 위치로 돌아왔다. 1년이 지난 것이다. 물론 이런 일이 쉬운 것은 아니다. 하지만 매일 밤 별을 관측한다면, 간단한 도구만으로도 태양과 별의 위치를 정확히 측정할 수가 있다. 아주 먼 옛날의 사람들이 그랬던 것처럼 말이다.

다음 그림은 요즘의 달력을 기준으로 태양의 연주 운동을 설명한 것이다. 1년의 기준을 언제로 하느냐는 관습에 관한 문제이다. 하지만 현재의 1월 1일은 참으로 의미가 없는 1년의 첫날이 아닐 수 없다. 차라리 춘분(3월 21일쯤)을 1년의 기준으로 삼았으면 어떠했을까? 그 때 낮과 밤의 길이가 같아지기 때문이다. 현대의 천

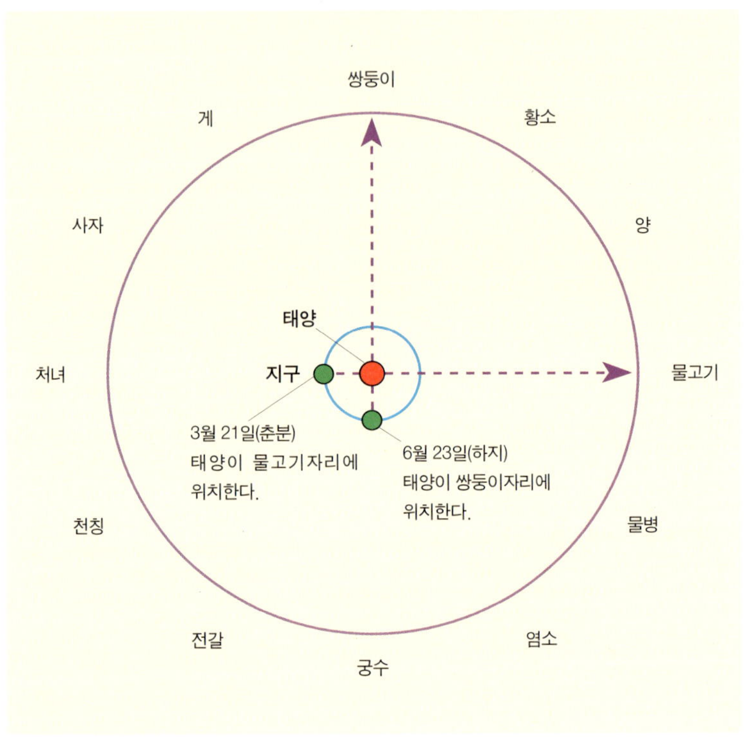

태양의 연주 운동(황도 12궁)

문학자들은 성도(별의 위치를 표시한 지도)에 춘분점이라는 기준점을 정하였다. 춘분점은 물고기자리에 있는데, 태양이 춘분점에 위치할 때가 바로 춘분이다.

지금까지 살펴본 것처럼 1년은 태양의 연주 운동으로 알 수가 있다. 그 옛날, 신화 시대의 사람들은 태양의 위치를 꼼꼼히 관측하여 태양이 일정한 길을 지난다는 사실을 알아냈다. 그것이 바로 아폴론의 태양 이륜마차가 지나는 길이다. 그리고 태양이 그 길의 어느 곳에 있느냐를 관측하여 1년을 정하였다. 그리고 그 1년을 12로 나눈 하나가 양력으로 한 달이다. 우리가 지금 쓰고 있는 달력은 그렇게 하여 만들어진 것이다.

이 글을 마무리하기 전에 일러둘 것이 하나 더 있다. 그리스 로마 신화에 따르면, 아폴론의 태양 이륜마차는 하루에 한 번 운행한다. 현대 천문학에서 말하는 태양의 일주 운동인 셈이다. 그렇다면 태양이 별자리 사이를 지난다는 것이 모순이 아닐 수 없다. 지구가 자전하는 동안 태양은 물론 별도 함께 뜨고 지기 때문이다. 이것은 그 시대 과학의 한계 때문에 나타나는 현상이다. 그래서 자연 현상을 신화라는 형식으로 기록할 수밖에 없었던 것 아닌가?

칼리스토에게 휴식을!

자, 이제 태양이 서쪽 지평선 아래로 사라진다. 낮 동안은 강렬한 햇빛에 묻혀 보이지 않던 별들이 이제서야 영롱하게 자신의 빛을 내기 시작한다. 동쪽 지평선에서는 새로운 별들이 떠오른다. 고대 그리스 로마의 사람들은 매일 같이 반복되는 이 모습을 보고 이야기로 남겼다. 이야기는 사람이 만드는 것이지만, 그 이야기의 소재는 사람들 마음대로 되는 것이 아니다. 말하자면 사람들의 이야기 속에 자연의 규칙이 숨어 있다는 얘기다. 태양은 하루에 한 번 뜨고 지며, 별들은 천구에 박힌 채 하늘을 가로지른다. 별의 운행에 관한 그리스 로마 신화의 세밀함은 제우스의 아내 헤라가 늙은 바다의 신 테티스와 오케아노스를 찾아가 하소연하는 다음의 이야기에서도 엿볼 수가 있다.

〈**칼리스토와 제우스**〉 J.S. 바르텔레미 작품. 제우스가 딸 아르테미스로 둔갑하여 아르테미스의 몸종 칼리스토에게 사랑을 구하고 있다.

"나는 그녀(곰이 된 칼리스토)가 다시 사람이 되는 것을 금지했습니다. 그런데 그녀는 하늘의 별이 되었어요! 제가 내린 벌의 결과가 그렇게 된 것이니, 저로서도 더 이상 어쩔 수가 없군요! 차라리 이오에게 했던 것처럼 그녀를 원래의 모습으로 되돌려 주는 것이 나을 뻔했어요. 그렇게 했으면 아마 제우스는 그녀와 결혼을 하고 나를 쫓아 버렸을 거예요! 저를 길러주신 당신들이 저를 가엾게 여기신다면, 또 저에 대한 이런 냉대가 부당하다고 생각하신다면, 제발 그 둘(큰곰자리가 된 칼리스토와 작은곰자리가 된 그녀의 아들)이 당신의 바다로 들어오지 못하도록 함으로써 당신의 뜻을 보여 주세요."

바다의 신은 그 소원을 들어 주었으며, 그래서 큰곰자리와 작은곰자리는 하늘에서 쉼 없이 계속 돌 뿐 다른 별들처럼 바다 밑으로 내려오는 일이 없게 되었다.

칼리스토는 제우스의 사랑을 받은 여러 여인 중 하나이다. 제우스의 아내 헤라는 질투심에 불타 칼리스토를 커다란 곰으로 만들어 버렸다. 어느 날, 곰이 된 칼리스토는 사냥을 하던 자신의 아들 아르카스와 마주치게 되었다. 칼리스토는 너무 반가운 마음에 아르카스에게 가까이 다가가려 했지만, 아무것도 모르는 아르카스는 깜짝 놀라 창으로 곰을 찌르려고 하였다. 때마침 이 광경을 본 제우스가 끔찍한 일이 벌어지는 것을 막기 위해 그 둘을 하늘 높이 올려 별로 만들었다. 이것이 큰곰자리와 작은곰자리이다. 헤라는 자신의 연적이 명예로운 별이 된 것에 몹시 분개해 했다. 그래서 자신을 길러준 테티스와 오케아노스를 찾아가 자신의 신세를 한탄하였던 것이다.

모든 별들은 하루에 한 번 하늘 한 바퀴를 돈다. 이것을 '별의 일주 운동'이라고 한다. 별의 일주 운동은 지구의 자전 때문에 일어난다. 하지만 북쪽 하늘에는 거의 움직이지 않고 제자리를 지키는 별이 하나 있다. 이 별이 바로 북극성(Polaris)이다. 북극성은 지구 북반구의 자전축을 계속 연장한 방향에 위치한다. 그러니 북극성

주극성과 출몰성

지평선에서 북극성까지의 거리는 각도로 나타낼 수 있는데, 이 각도를 그 별의 '고도'라고 한다. 지구는 둥글기 때문에 북극성의 고도는 지역에 따라 달라진다. 바로 북극(위도 90도)에 있는 사람들에게는 북극성이 머리 꼭대기(고도 90도)에 위치하며, 적도(위도 0도)에 있는 사람들에게는 지평선(고도 0도)에 위치한다. 북반구에서는 북극성의 고도가 그 지역의 위도와 같다. 어떤 별이 주극성이 되려면 북극성과 그 별 사이의 거리가 북극성의 고도(즉, 그 지역의 위도)보다 작아야 한다. 다시 말해 북쪽으로 올라갈수록 주극성이 많아지는 것이다. (북극에서는 모든 별이 주극성이다!)

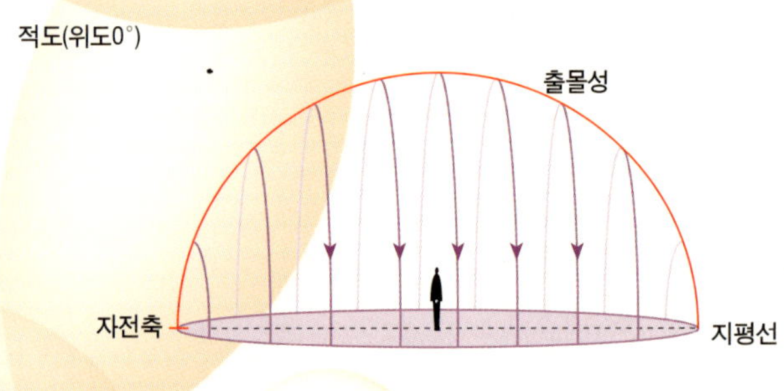

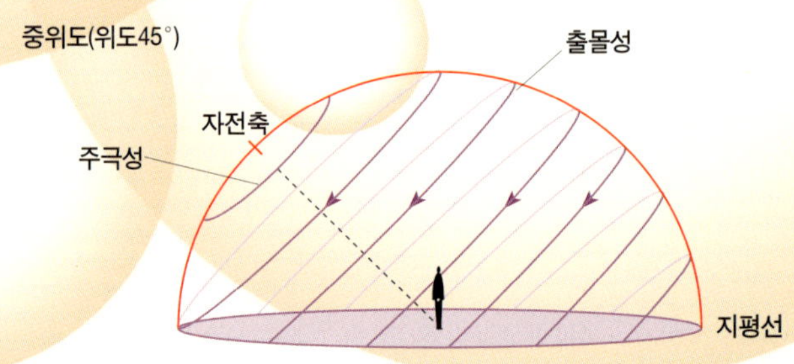

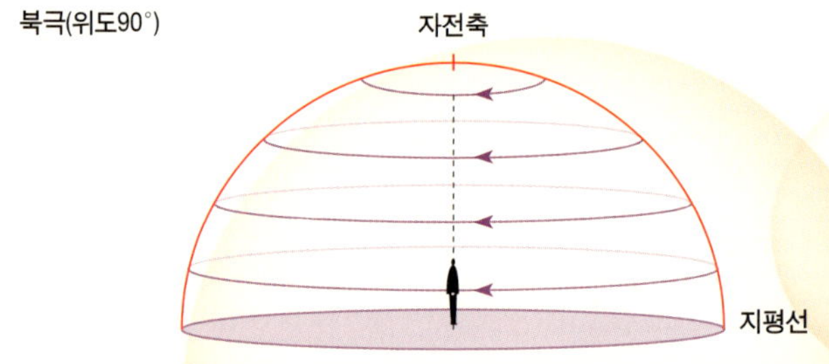

별의 일주 운동
가운데의 별이 북극성이다. 지평선 아래로 지지 않는 별들을 주극성이라고 한다.

은 일주 운동을 하지 않는 셈이다. 천장에 달린 전구 바로 밑에서 빙빙 돌아보자. 주변의 모든 물체는 내 주변을 도는 것처럼 보이지만, 머리 꼭대기 위의 전구는 움직이지 않는다.

북극성에 가까운 별들은 북극성을 중심으로 작은 원을 그리며 일주 운동을 하며, 북극성에서 먼 별들은 큰 원을 그리며 일주 운동을 한다. 그러니 북극성으로부터의 거리가 북극성에서 지평선까지의 거리보다 짧은 별들은 결코 지평선 아래로 지는 일이 없으며, 태양이 지기만 하면 1년 내내 볼 수가 있다. 천문학자들은 이런 별들을 '주극성'이라고 한다. 이제 독자들은 칼리스토와 그녀의 아들 아르카스가 변한 큰곰자리와 작은곰자리의 별들이 바로 주극성이라는 사실을 눈치챘을 것이다.

북극성에서 어느 별까지의 거리는 정해져 있다. 북극성이란 다름 아닌 작은곰자리에서 가장 밝은 별로 작은곰의 꼬리 끝에 해당한다. 큰곰자리의 대부분의 별은 북극성에서 35도쯤 떨어져 있으며, 가장 먼 별이 40도쯤 떨어져 있다. 그리스 로마 신화의 배경이 되는 그리스와 이탈리아 지역의 위도는 대부분 40도가 넘기 때문에 이 지역에 살던 옛 사람들은 매일 밤 큰곰자리와 작은곰자리의 별을 볼 수 있었다. 그 결과 쉼 없이 하늘을 맴돌아야 하는 칼리스토와 그녀의 아들 아르카스의 이야기가 만들어진 것이다.

큰곰자리는 우리에게 '북두칠성'으로 잘 알려진 별자리이다. 좀더 정확하게 말하면 북두칠성은 큰곰자리의 별 중에서 가장 밝은 일곱 개의 별들을 말한다. 우리 나라의 위도가 37도쯤이니 이들 별들은 우리 나라에서도 거의 주극성인 셈이다. 북두칠성은 항상 북극성 둘레를 맴돌기 때문에 북극성의 위치를 알아내는 데 유용한 지표가 된다. 또한 북극성은 항상 북쪽에 위치하기 때문에 방향을 알려 주는 나침반 역할을 한다. 그래서 북극성과 북두칠성은 북반구의 여러 문화권에서 중요한 별들로 여겨져 왔다.

우리 나라 청동기 시대의 고인돌이나 고구려의 고분 벽화에 북두칠성이 자주 등장하는 것도 바로 그러한 이유 때문이다. 예로부

터 전해져 내려오는 우리 고유의 '칠성 신앙'도 바로 북두칠성을
신격화한 것이다.

10장

우주와 물질 그리고 인류의 기원

― 창조, 창조, 창조

"땅과 바다와 하늘이 창조되기 전에는 만물이 모두 같은 모양을 하고 있었는데, 우리는 이것을 카오스라고 부른다. 카오스는 혼란스럽고 형체가 없는 침묵의 덩어리였으나, 만물의 고갱이가 서려 있었다."

― 토마스 벌핀치 「신화의 시대」

⟨은하수의 기원⟩ 자코프 틴토레토(Jacopo Robusti Tintoretto) 작품

과 학이 없던 시절, 신화는 인간과 자연의 출생에 관한 신비를 설명해 주었다. 신화에서는 모든 자연물이 신이자 신의 창조물이다. 신은 어둠과 밝음을 가르고, 하늘과 바다와 땅을 나누었다. 깊은 산 속의 풀 한 포기, 푸른 하늘의 새 한 마리 그리고 우리 인간도 신이 만들었다. 구름과 바람과 별들은 또 어떠한가?

신화의 시대가 끝나고 오랜 세월이 지난 지금, 현대의 과학자들은 자연의 모든 신비를 풀어 가고 있다. 물질은 별 속에서 탄생하였고, 지구는 우주의 티끌에서 탄생하였으며, 생명은 바다에서 탄생하였다. 하지만 과학자들은 우주 어디에서도 아직 신을 발견하지 못하고 있다. 과학자들에게 세상 만물은 창조된 것이 아니라 탄생한 것이다.

'우리는 어디에서 와서 어디로 가는가? 세계는 어떻게 만들어지고 어떻게 되는가?' 창조이든 탄생이든 신화의 시대로부터 과학의 시대에 이르기까지 인류는 이 의문을 풀기 위해 끊임없이 노력해 왔다. 우리는 지금 이 의문에 어디까지 답할 수 있게 되었을까?

세계는 아무것도 없는 곳에서 탄생하였다!

몇 년 전 러시아를 다녀온 선배로부터 목각 인형 하나를 선물로 받았다. 그런데 그 인형을 '하나'라고 말하기에는 좀 어색함이 있다. 그 인형 속에는 같은 모양의 작은 인형이 들어 있었기 때문이다. 인형 속에 인형, 또 그 인형 속에 인형. 그렇게 계속 꺼냈더니 인형은 모두 다섯 개가 되었다. 마트료시카(Matryoshka)라고 불리는 이 인형의 이름은 어머니를 뜻하는 러시아 어 '마티'에서 유래하였다고 한다. 다산과 풍요를 기원하는 뜻인 셈이다.

오랜만에 진열장 안에서 다소곳한 미소를 짓고 있는 마트료시카 인형을 꺼내 보았다. 그리고 이런 상상을 해 보았다. 러시아의 공

러시아 목각 인형 마트료시카 모양이 여러 가지이며, 인형이 무려 30개나 들어 있는 것도 있다고 한다.

예가는 이 인형 속에 도대체 몇 개의 인형을 넣고 싶었을까? 아마 가능하다면 무한의 인형을 넣고 싶지 않았을까? 그 인형을 만든 공예가와 상상의 대화를 나누어 보았다.

"이 마트료시카 인형 속에는 무엇이 있습니까?"

"네, 또 하나의 마트료시카 인형이 들어 있습니다."

"그래요? 그럼 그 마트료시카 인형 속에는 또 무엇이 들어 있지요?"

"또 다른 마트료시카 인형이 들어 있지요."

"…"

참으로 우습고도 지루한 질문과 답이다. 그런데 이 마트료시카 인형을 보면서 자꾸 신화와 과학이 생각나는 이유는 무엇일까? 현대의 과학자들은 이렇게 질문하고 대답한다.

"이 세상은 어떻게 만들어졌을까?"
"흙과 물과 공기 같은 여러 가지 물질들이 모여 만들어졌지."
"그런 물질들은 또 어떻게 만들어졌을까?"
"분자라고 하는 작은 입자들이 모여 만들어졌지."
"그 분자는 또 어떻게 만들어졌을까?"
"원자라고 하는 더 작은 입자들이 모여 만들어졌어."
"…"

어떻게 보면 과학은 자연이라는 마트료시카 인형을 열어 가는 학문일지도 모른다. 더 이상 열리지 않는 마트료시카 인형을 찾을 때까지 말이다. 마트료시카 인형이 점점 작아질 때마다 그 작은 인형을 열기 위한 고도의 기술과 정밀한 도구가 필요하다. 과학자들은 그 기술과 도구를 만들어 가며 궁극의 마트료시카 인형을 찾기 위해 끊임없이 노력한다. 하지만 그러한 기술과 도구가 없던 신화 시대의 사람들은 자연에 대한 이 궁금증을 어떻게 해결하였을까? 신화 시대의 사람들이 현자에게 묻고 답을 듣는다.

"번개는 어떻게 만들어진 것입니까?"
"최고의 신 제우스를 위해 대장장이의 신 헤파이스토스가 만든 것이라네. 신은 모든 생물과 산과 강과 바람과 비를 만들었지."
"그럼 그 신들은 어떻게 태어났습니까?"
"그 신들의 어버이가 낳았지."

"그럼 신들의 어버이는 누가 낳았습니까?"
"그 신들의 어버이의 어버이가 낳았어."
"…"

신화 시대의 사람들은 현자의 이런 답을 들으면서도 고개를 갸우뚱거린다.
'도대체 어디까지 가야 끝나는 거야?'
현자도 궁색해졌다. 그러고 다시 한 번 곰곰이 생각한다.

'자연의 힘은 인간에 비해 너무 거대해. 세상 만물은 틀림없이 엄청난 능력을 가진 신이 만들었을 거야. 그 신들에게도 어버이는 있을 터이고. 우리의 조상은 신이 만들었는데, 그렇다면 신의 조상은 신들의 신이 만들었단 말인가? 그럼 이야기가 또 반복되는 거고. 이렇게 생각하면 어떨까? 알 속에서 새가 나오듯 세계도 알 속에서 나온다고 말이야. 알 속에는 새가 없지만 새가 될 기운은 있지 않나? 세계의 알 속에도 세계는 없지만 만물의 기운은 서려 있을 거야. 그래! 아무 형체도 없는 곳에서 형체가 있는 만물이 나오는 거야. 거기에서 세계가 나오고, 신이 나오며, 그 신들이 우리와 모든 것을 만들었을 거야!'

마트료시카 인형을 만든 공예가가 무한히 품어져 있는 마트료시카 인형을 만들 수 없었듯이, 신화 시대의 현자도 무한히 반복되는 근원을 포기하였다. 그 대신 가장 작은 마트료시카 인형, 즉 세계의 알을 만들었다. 그 알이 바로 '카오스(Chaos)'이다.

"땅과 바다와 하늘이 창조되기 전에는 만물이 모두 같은 모양을 하고 있었는데, 우리는 이것을 카오스라고 부른다. 카오스는 혼란 스럽고 형체가 없는 침묵의 덩어리였으나, 만물의 고갱이가 서려 있었다. 땅과 바다와 공기는 모두 뒤섞여 있었기 때문에 땅은 딱딱 하지 않았으며, 물은 흐를 수가 없었고, 공기는 투명하지가 않았 다. 마침내 자연이라는 신이 거들어 이러한 무질서를 끝내었다. 바 다로부터 땅을 떼어 냈으며, 이 둘로부터 하늘을 갈라 내었다."

하늘과 땅이 섞여 있는 혼돈의 상태. 태초를 이렇게 생각한 것은 고대 그리스 로마의 사람들만이 아니다. 세계 여러 민족의 창세 신 화에 이런 혼돈의 태초가 등장한다. 다음은 우리 나라 창세 신화의 하나인 〈김쌍돌이본 창세가〉의 일부이다. 「한국의 창세 신화(김헌 선 지음)」의 내용을 현대어로 풀어 인용하였다.

"하늘과 땅이 생길 적에
미륵님이 탄생하였는데
하늘과 땅이 서로 붙어
떨어지지 아니하더라
하늘은 북개꼭지(가마솥의 뚜껑)처럼 도드라지고
땅은 네 귀에 구리기둥을 세우고
…."

하늘과 땅이 붙어 있으니 세계는 납작한 부침개 모양이 된다. 그 런데 하늘이 가마솥의 뚜껑처럼 솟아올랐으니 땅과 나뉘어진 것이

카오스

카오스는 '벌어진 공간'을 뜻하는 그리스 어 '카오스(Khaos)'에서 유래
하였다. 카오스가 무엇인지 정확히 설명할 수는 없다. 대부분의 학자들
은 카오스는 혼란스럽고 형체가 없는 상태이면서, 실체를 가진 사물의 기
운을 잉태하고 있는 공간이라고 설명한다. 억지로 카오스를 이해하려고
한다면 다음과 같은 예를 들어 보자.

어항 속의 물고기가 공기방울을 본다. 그 물고기는 공기방울을 보고 이렇
게 말할 것이다. "아무것도 없는 것이 있네!"

카오스를 우리가 이해하기는 쉽지 않다. 아니, 이해할 수 없는 대상이라
고 생각하는 것이 속 편하다. 그것은 인간을 만든 신들도 이해할 수 없는
대상이기 때문이다. 우리가 생각할 때, 그것은 "아무것도 없는 것이다."

다. 땅의 네 귀퉁이에는 커다란 구리기둥을 세워 하늘이 무너져 내
리는 것을 막았다. 이 모든 일은 한 존재는 미륵님이었다. 우리 나
라의 미륵님은 그리스 로마 신화의 자연이라는 신이었던 셈이다.

신화 시대의 사람들은 태초의 신비를 설명하기 위해 이 같은 '궁극의 마트료시카 인형'을 만들었다. 하지만 현대의 과학자들은 가장 바깥의 마트료시카 인형부터 차근차근 열어 나가고 있다. 과연 그들은 '궁극의 마트료시카 인형'에 어느 정도 접근하고 있는 것일까?

우주의 알, 카오스를 발견하다!

신화 시대의 사람들에게 지구가 세계였다면, 태양과 달과 행성과 별은 지구 둘레를 도는 자연물의 하나였다. 코페르니쿠스는 지구가 태양 둘레를 도는 행성의 하나임과 은하수가 수많은 별들의 집단임을 밝혔다. 그 후 여러 천문학자들의 노력으로 태양이 수많은 별 중 하나에 불과하며, 우리 은하는 이러한 별들로 가득하다는 사실이 밝혀졌다. 세계의 범위가 지구를 벗어나 은하로 확대된 것이다.

그리스 로마 신화의 영웅 페르세우스는 바다 괴물을 죽이고, 제물로 바쳐진 안드로메다를 구하였다. 아테나 여신은 안드로메다를 별자리로 만들어 주었는데, 그것이 바로 가을철의 유명한 별자리인 안드로메다자리이다. 이 별자리에는 우리 은하에서 가장 가까운 외부 은하인 안드로메다 은하가 있다.

지금은 누구나 이 천체가 외부 은하라는 사실을 알고 있지만, 1900년대 초만 하더라도 우리 은하 안에 있는 천체의 하나라고 알려져 있었다. 점으로 보이는 별과 달리 뿌연 구름처럼 보이는 천체를 성운이라고 하는데, 안드로메다 은하도 그런 성운의 하나로만

〈안드로메다를 구하는 페르세우스〉 피에로 디 코시모(Piero di Cosimo) 작품(1515년). 바닷가 절벽에 묶여 울부짖고 있는 안드로메다를 구하기 위해 페르세우스가 바다 괴물을 처치하고 있는 장면이다. 헤르메스에게서 빌린 날개 달린 신발을 신은 페르세우스는 하늘로 날아올라(오른쪽 위) 괴물의 등을 타고(가운데) 싸우고 있다.

여겨졌던 것이다. 그래서 그 때까지만 해도 안드로메다 은하가 아니라 안드로메다 성운이라고 불렀다.

1918년 미국의 천문학자 커티스(Heber Doust Curtis ; 1872년 ~1942년)는 우리 은하 밖에 다른 천체들이 있음을 주장하였다. 안드로메다 성운은 멀리 있기 때문에 성운처럼 보일 뿐 실제로는 우리 은하 밖에 있는 또 다른 은하라는 것이었다.

1924년 미국의 천문학자 허블(Edwin Powell Hubble ; 1889년 ~1953년)은 윌슨 산 천문대의 망원경으로 안드로메다 성운을 관찰하여, 이 성운이 수많은 별로 이루어진 외부 은하임을 밝혔다. 세계의 범위가 지구를 벗어나 은하와 우주로 확대된 것이다.

이 때까지만 해도 대부분의 사람들은 우주가 무한히 크고 조용한 세계인 줄로 알고 있었다. 그런데 1929년 외부 은하를 관측하던 허블은 깜짝 놀랄 만한 사실을 발견하였다. 외부 은하들이 우리 은하로부터 멀어져 가고 있었던 것이다! 더구나 먼 은하일수록 멀어져 가는 속도가 더욱 빨랐다. 아인슈타인의 중력 이론에 따르면, 이것은 은하 사이의 공간이 늘어남을 뜻하였다. 즉, 우주가 점점 커지고 있다는 것이다!

오늘의 우주보다 내일의 우주가 크고 내일의 우주보다 모레의 우주가 크다면, 어제의 우주는 오늘의 우주보다 작고 그제의 우주는 어제의 우주보다 작다는 것이 아닌가? 그렇다면 과거로 계속 거슬러 올라가면 언제인가는 모든 천체가 한 점에 모일 때가 있을 것이다. 우주의 시작이 있었다면 바로 그 때가 아닐까?

모든 과학자들이 술렁거렸다. 관측가들은 더 멀리 있는 은하를 관측하기 위해 더 큰 망원경을 만들어 갔으며, 이론가들은 티끌보다 작은 우주의 상태를 설명할 수 있는 새로운 이론을 만들어 갔다. 그리고 시간을 거슬러 올라가면서 우주의 모습이 어떠한가를 연구하였다. 마치 마트료시카 인형을 하나씩 열어 가는 것처럼 말이다.

지금으로부터 50억 년 전으로 거슬러 올라가 보자. 그 때는 지구가 아직 태어나지 않았다. 태양도 커다란 가스 덩어리에 지나지 않았다. 다만 밀도가 높은 그 중심에서 태양의 씨앗이 뜨거운 열기를 발산하며 탄생의 첫 숨을 내쉬고 있었다.

50억 년을 한 번 더 거슬러 올라가 보자. 여기 저기 납작한 원반 모양을 한 거대한 수소의 덩어리가 바람개비처럼 돌고 있었다. 우리 은하가 태어나기 시작한 것이다.

50억 년을 다시 한 번 더 거슬러 올라가 보자. 우주는 더 이상 작아질 수 없는 크기이다. 지금 우리가 알고 있는 우주의 모든 물질과 에너지와 공간 자체가 한 점으로 응축되어 있는 것이다. 거기에는 지금 우리가 알고 있는 것은 아무것도 없다. 물론 형체도 없다. 하지만 그것은 모든 것의 기운을 가지고 있다. 바로 신화 시대의 사람들이 말하는 '카오스'인 셈이다. 미국의 유명한 천문학자이자 과학 저술가인 칼 세이건(Carl Edward Sagan ; 1934년~1996년)은 그의 저서 「코스모스」에서 이렇게 말하였다.

"그것은 많은 문명의 창조 신화에서 흔히 볼 수 있는 일종의 '우주의 알(Cosmic Egg)'이었다."

지금으로부터 150억 년 전쯤, 우주의 알이 엄청난 폭발을 일으켜 팽창하면서 지금 우리가 알고 있는 우주가 탄생하였다. 그 사건을 '빅뱅(Big Bang)'이라고 한다. 그렇다면 빅뱅은 궁극의 마트료시카 인형인가? 아니면 또 한 번 마트료시카 인형을 열어야 하는 것일까? 쉽지 않은 대답이다. 하지만 이것만은 확실하다. 그것이 열리는 날, 우리는 새로운 신화를 읽을 수 있게 된다는 것이다.

| '끈', 물질을 이루는 궁극의 마트료시카 인형 |

사람은 무엇으로 이루어져 있을까? 예전에 뵈었던 큰스님 한 분은 '사람은 육신과 영혼으로 이루어져 있다.'고 말씀하셨다. 이러한 종교인들의 입장과는 달리, 과학자들은 모든 것은 물질로 이루어져 있다고 생각한다. 생물학자들은 사람이 세포로 이루어져 있다고 생각할 것이다. 유전 공학이 발달한 요즘, 생화학자들은 분자 수준에서 생물을 다루기도 한다. 생화학자들에게는 사람이 분자로 이루어져 있는 셈이다. 화학자들에게는 사람은 물론 모든 것이 원자로 보인다. 그리고 궁극의 세계를 다루는 물리학자들은 사람이 원자 또는 원자를 구성하는 소립자로 이루어져 있다고 생각할 것이다. 그렇다면 신화 시대의 사람들은 사람이 무엇으로 이루어져 있다고 생각하였을까? 안키세스는 자신을 찾아 지옥까지 온 아들 아이네아스에게 이렇게 말하였다.

"조물주는 물·불·공기·흙이라는 네 가지 원소로 영혼을 구성하는 물질을 만들었는데, 이 모두를 결합하면 불이라는 가장 탁월한 성질을 가진 불꽃이 된다. 이 물질은 태양과 달과 별 같은 천체 사이에 씨앗처럼 흩뿌려졌다. 하위의 신들은 이 씨앗에 여러 가지 비율로 흙을 섞어 사람과 여러 동물을 만들었는데, 그 때문에 씨앗의 순수성이 떨어졌다. 흙의 비율이 클수록 그 개체의 순수성은 떨어지기 마련이다. 남자든 여자든 성숙해질수록 어린 시절의 순수함을 잃지 않는가!

육체와 영혼의 결합 시간이 길수록 불순성이 영혼을 더 찌들게

한다. 이 불순성은 사람이 죽은 후 바람을 쐬거나 물에 씻거나 불
에 태워 정화시켜야 한다. 나를 포함한 몇몇 사람들은 단번에 엘리
시온(축복 받은 사람들이 죽은 후에 가는 낙원)에 들어가 살기도 한
다. 하지만 대부분의 사람들은 흙의 불순성을 털어내고, 레테의 강
에서 전생의 기억을 깨끗이 씻어낸 후 새로운 육신을 통해 다시 태
어나게 된다. 그리고 완전히 타락하여 사람의 몸을 받기에 적합하
지 않은 사람들은 사자나 호랑이, 고양이, 개, 원숭이 같은 짐승으
로 태어난다.

옛날 사람들은 이것을 '윤회'라고 하는데, 인도의 원주민들은 아
직도 윤회를 믿고 있다. 그들은 아주 미미한 동물일지라도 죽이기
를 꺼린다. 혹시 전생에 자신들의 친척이었을지도 모른다고 생각
하는 것이다."

신화에는 신화를 남긴 사람들의 생각이 담겨져 있다. 사람이
물·불·공기·흙으로 이루어져 있다는 안키세스의 말은 그 시대
사람들의 생각을 대변한 것이다. 세계 최초의 철학자라고도 일컬
어지는 탈레스(Thales ; 기원전 약 624년~기원전 약 546년)는 모
든 것이 물로 이루어져 있다고 주장하였다. 또 아낙시메네스
(Anaximenes ; 기원전 약 585년~기원전 약 525년)는 모든 것이
공기로 이루어져 있다고 주장하였다. 물·불·공기·흙이 만물을
이루는 원소라고 맨 처음 주장한 사람은 시칠리아 섬의 철학자 엠
페도클레스(Empedokles ; 기원전 약 490년~기원전 약 430년)였
다. 이 때까지 대부분의 철학자들은 '물질은 영혼을 형체로 만들기
위한 재료'에 불과하다고 생각하였다. 전설에 따르면 엠페도클레

〈물, 불, 흙, 공기〉 얀 브뤼겔(Jan Bruegal) 작품. 물, 불, 흙, 공기를 비유적으로 표현한 그림이다. 흙 즉 대지의 여신 데메테르가 가운데 앉아 있다.

스는 에트나 화산에 뛰어들어 죽었다고 한다. 그는 환생을 믿었으며, 탄생과 죽음은 한낱 환상에 지나지 않는다고 생각한 것이다.

영혼과 관계 없는 순수한 물질에 대해 깊은 생각을 한 사람은 데모크리토스(Democritus ; 기원전 약 460년~기원전 약 370년)였다. 그는 만물은 다음과 같은 성질을 가진 작은 알갱이로 이루어져 있다고 주장하였다.

첫째, 아주 작기 때문에 보이지 않는다.

둘째, 더 이상 나누어지지 않는다.

셋째, 속이 꽉 차고 딱딱한 덩어리이다.

넷째, 완전한 재료로 이루어져 있기 때문에 영원불변하다.

다섯째, 텅 빈 공간에 둘러싸여 있다.

여섯째, 무수히 많은 모양을 하고 있다.

데모크리토스는 이 알갱이를 그리스 어로 '더 이상 나누어지지 않는다.'는 뜻인 '아토모스(a-tomos)'라고 불렀다. 이 말은 지금 우리가 알고 있는 '원자(atom ; 아톰)'라는 용어의 기원이 되었다. 그러나 데모크리토스의 원자는 현대 과학의 원자와는 크게 다르다. 그것은 실험으로 증명한 것이 아니라 철학적 유추로서 이끌어 낸 것이기 때문이다.

모든 물질은 분자로 이루어져 있으며, 분자는 여러 종류의 원자로 이루어져 있다. 또한 원자는 원자핵과 그 둘레를 도는 전자로 이루어져 있으며, 원자핵은 중성자와 양성자로 이루어져 있다. 이 책을 읽는 사람이면 누구나 이쯤의 과학적 지식을 갖고 있을 것이다. 요즘 사람들에게는 쿼크라는 기본 입자가 중성자나 양성자를 이룬다는 사실도 상식에 속한다.

데모크리토스로부터 약 2,400년이 지난 지금, 이렇게 인류는 더 이상 나뉘어지지 않는다는 원자를 쪼개고 새로운 입자들을 발견하였다. 입자물리학자들은 여기에서 더 나아가 궁극의 물질은 쿼크가 아니라 '끈(string)'이라고 한다. 2차원의 진동하는 극미의 '끈'들이 만물을 이룬다는 '초끈이론(super string theory)'이 바로 그

것이다.

고대의 철학자와 현대의 과학자, 그들은 모두 물질을 이루는 궁극의 마트료시카 인형을 찾으려고 노력하였다. 마트료시카 인형의 개수는 유한할 수밖에 없다! 데모크리토스는 그러한 생각으로부터 궁극의 마트료시카 인형, 즉 '원자'의 존재를 가정하였다. 하지만 현대의 과학자들은 가장 바깥쪽 마트료시카 인형부터 열어 나가고 있다. 그리고 그들은 지금 신화를 넘고 데모크리토스를 넘어, 진정한 궁극의 마트료시카 인형을 눈앞에 두고 있는 것이다.

우리의 몸은 별에서 왔다!

'신의 계시를 받은 것같이 머리에 번득이는 신묘한 생각', 국어사전에 나온 영감(靈感)의 풀이이다. 과학자들은 이러한 영감으로부터 위대한 발견을 하기도 한다. 데모크리토스는 영감을 통해 원자론을 생각해 내었으며, 그의 원자론 역시 후세의 과학자들에게 많은 영감을 주었다. 그리스 로마 신화는 영감을 통해 만들어진 이야기이다. 그러면서도 무릎을 치게 되는 내용들이 곳곳에 널려 있으니 어찌 놀랄 만하지 않겠는가!

그 중에서 가장 놀랄 만한 것 하나를 꼽으라면, 주저 없이 앞에서 언급한 안키세스의 이야기를 꼽을 것이다. "영혼을 구성하는 물질은 태양과 달과 별 같은 천체 사이에 씨앗처럼 흩뿌려졌으며, 하위의 신들은 이 씨앗에 여러 가지 비율로 흙을 섞어 사람과 여러 동물을 만들었다." 우연의 일치인가 아니면 정말 신의 계시로 말하게 된 것인가? 안키세스의 이 말이 어째서 그토록 감탄할 만한 것인지 한번 알아보기로 하자.

우리 은하에는 수소 가스의 구름, 즉 성운이 별보다 더 많이 분포한다. 별은 이런 성운 속에서 탄생한다. 탄생의 기지개를 펴기 시작한 별은 맨 처음 자신의 질량 때문에 찌부러지며 에너지를 낸다. 그러다가 온도가 어느 정도 높아지면 핵융합 반응을 일으키기 시작한다. 즉, 수소와 수소가 결합하여 헬륨이 되는 것이다. 이 때 엄청난 에너지가 발생하는데, 태양과 같은 별은 이 같은 핵융합 에너지로 밝게 빛나고 있는 것이다.

핵융합은 헬륨에서 끝나는 것이 아니다. 헬륨 자체도 핵융합을 일으켜 더 무거운 원소인 탄소가 된다. 이 때에도 엄청난 에너지가 나오는 것은 마찬가지이다. 핵융합은 여기서 그치지 않고 계속되어 산소, 네온, 규소, 황 그리고 철이 차례로 만들어진다. 별은 수소를 재료로 해서 무거운 원소들을 만들어 내는 핵융합 공장인 셈이다.

핵융합을 끝낸 별들은 어떻게 될까? 별의 운명은 질량에 따라 달라진다. 질량이 태양과 비슷한 별들은 탄소보다 무거운 원소를 만들지 못한다. 결국에는 바깥 대기층을 우주 공간으로 흩뿌리고 차갑게 식어 간다. 그러한 별을 백색왜성이라고 한다. 행성상 성운이라고 불리는 천체는 바로 이처럼 죽어 가는 별이 흩뿌린 가스들이다.

질량이 태양보다 훨씬 큰 별들은 탄소보다 무거운 원소들을 만들어 낼 수 있다. 이런 별들이 마지막으로 만들어 내는 것이 가장 안정된 원소인 철이다. 그리고 중심에 고밀도의 별을 남긴 채 엄청난 폭발을 일으키며 최후를 맞이한다. 이 같은 폭발을 일으킨 별을

행성상 성운

초신성, 그 중심에 남겨진 잔해를 중성자별이라고 한다. 그 때까지 만들어진 무거운 원소들은 폭발과 함께 우주 공간에 흩뿌려진다.

탄생 초기의 은하를 이루는 원소는 대부분의 수소와 약간의 헬륨이었다. 하지만 지구에는 산소와 철, 규소, 마그네슘처럼 수소나 헬륨보다 무거운 원소들이 더 많다. 그러한 원소들로부터 흙과 공기와 물이 만들어졌으며, 또한 복잡한 유기물이 만들어졌다. 약 35억 년 전, 그 유기물에서 첫 생명체가 탄생하였다. 그리고 그 생명체로부터 우리 인간이 만들어졌다. 그렇다면 지금 우리 몸을 이루고 있는 산소와 탄소 그리고 질소 같은 원소들은 어디에서 유래한 것일까? 바로 별에서 흩뿌려진 그 원소들 아닌가?

참고 자료 목록

—토마스 벌핀치 『신화의 시대(The Age of Fable)』 http://www.bulfinch.org

—『이윤기의 그리스 로마 신화 1, 2』 이윤기 지음/웅진닷컴/ 2002년

—『그리스 로마 신화』 토마스 벌핀치 지음/최혁순 옮김/범우사/2002년

—『Encyclopedia Mythica』 http://www.pantheon.org

—『세계의 유사 신화』 J.F.비얼레인 지음/현준만 옮김/세종서적/2000년

—『신화와 의미』 클로드 레비-스트로스 지음/임옥희 옮김/이끌리오/2000년

• 강의 범람이 만든 풍요의 뿔

—『Geology』 Stan Chernicoff/Worth Publishers Inc./1995

—『월간 뉴턴』 〈1985년 10월호/함안 3늪의 유존종〉

—『인터넷 언양읍지』 http://www.eonyang.com

• 불과 연기의 분출구 '화산'

—『The Cradle of Volcanology』 http://boris.vulcanoetna.com

—『Volcano World』 http://volcano.und.nodak.edu

—『FATHOM-The source for online learning』 〈Tsunami: Where they Happen

  and Why〉 http://www.fathom.com/feature/122490

• 피부색의 진화와 유전

—『Ethiopian History.com 』 http://www.ethiopianhistory.com

—『ABC online』 〈New theory on why dark skin protects in the tropics〉

  http://www.abc.net.au

▪ 줄기 세포의 유전 공학

— 『Ohmy News』 〈하나의 간이 두 생명 살려〉 2000. 3. 18

— 『Ask A Biologist』 〈Building Blocks of Life〉

  http://askabiologist.asu.edu

— 『The Why Files』 〈Stem Cells〉 http://whyfiles.org

— 『Stem Cell Research Foundation』 〈What are stem cells〉

  http://www.stemcellresearchfoundation.org

▪ 소리를 통해 세상을 본다

— 『Howard Hughes Medical Institute』 〈Locating a Mouse by Its Sound〉

  http://www.hhmi.org

— 『Sea World』 〈Communication and Echolocation〉

  http://www.seaworld.org

▪ 우주를 바라보는 거대한 거울들

— 『Gibraltar Crystal』 〈The History & Nature of Glass〉

  http://www.gibraltarcrystal.com

— 『SEDS』 〈The World's Largest Optical Telescopes〉

  http://www.seds.org

▪ 에게 해를 날아오르다

— 『Adrian Fisher Maze Design』 〈A Short History of Mazes〉

  http://www.mazemaker.com

—『Cretan or Classical Maze』

　http://www.gwydir.demon.co.uk

—『HOW TO FLY AS A BIRD』

　http://www.geocities.com

—『How Fast and High Do Birds Fly』

　http://www.stanfordalumni.org

—『The Daedalus Project』

　http://204.189.12.10/ed/cur/liv/ind/mastery/work/hpf/second.html

▪ 발견은 천문학자에게, 영광은 제우스에게

—『The Perseus Digital Library』〈Iliad〉

　http://www.perseus.tufts.edu

—『Views of the Solar System』 http://www.solarviews.com

—『SEDS』〈Hypothetical Planets〉

　http://seds.lpl.arizona.edu

▪ 태양과 별의 운동

—『두산 세계 대백과사전』〈고유 운동〉

—『From Stargazers to Starships』〈The Path of the Sun, the Ecliptic〉

　http://www-istp.gsfc.nasa.gov

▪ 우주와 물질 그리고 인류의 기원

—『한국의 창세 신화』 김헌선 지음/길벗/1994년

—『코스모스』 칼 세이건 지음/서광운 번역/주우/1981년

— 『T-셔츠 위의 만물이론』 댄 폴크 지음/강주헌 옮김/휘슬러/2003년

— 『Microwave Anisotropy Probe』 〈The Life and Death of Stars〉

  http://map.gsfc.nasa.gov/m_uni/uni_101stars.html

과학 오디세이

지은이 | 정창훈

1판 1쇄 발행일 2003년 6월 2일
1판 10쇄 발행일 2012년 2월 6일

발행인 | 김학원
경영인 | 이상용
편집주간 | 위원석
편집장 | 정미영 최세정 황서현
기획 | 문성환 나희영 임은선 박상경 최윤영 조은화 김희은 정다이
디자인 | 김태형 유주현 구현석
마케팅 | 이한주 하석진 김창규 이선희
저자 · 독자 서비스 | 조다영 함주미(humanist@humanistbooks.com)
조판 | SL 기획
본문 · 표지 출력 | 이희수 com.
용지 | 화인페이퍼
인쇄 | 청아문화사
제본 | 정민제본

발행처 | (주)휴머니스트 출판그룹
출판등록 제313-2007-000007호(2007년 1월 5일)
주소 | (121-869) 서울시 마포구 연남동 564-40
전화 | 02-335-4422 팩스 | 02-334-3427
홈페이지 | www.humanistbooks.com

ⓒ 정창훈, 2003

ISBN 978-89-89899-52-5 03400

만든 사람들

편집 주간 | 이재민
문의 | 황서현(hsh2001@humanistbooks.com)
책임 디자인 | 이준용
책임 그래픽 · 표지 일러스트 | 김준희
책임 편집 | 신영숙
화보 제공 | 노성두